读好书系列

彩色插图版

光玉◎主编

培养孩子**动手动脑**
PEIYANG HAIZI DONGSHOUDONGNAO DE QUWEI KEXUE SHIYAN
的趣味科学实验

 吉林出版集团股份有限公司

图书在版编目（CIP）数据

培养孩子动手动脑的趣味科学实验／光玉主编.—长春：
吉林出版集团股份有限公司，2011. 4
（读好书系列）
ISBN 978-7-5463-4279-5

Ⅰ.①培…　Ⅱ.①光…　Ⅲ.①科学实验—青少年读物
Ⅳ.①N33-49

中国版本图书馆 CIP 数据核字（2010）第 240960 号

培养孩子动手动脑的趣味科学实验
PEIYANG HAIZI DONGSHOU DONGNAO DE QUWEI KEXUE SHIYAN

主　　编	光　玉
出 版 人	吴　强
责任编辑	尤　蕾
助理编辑	杨　帆
开　　本	710mm×1000mm　1/16
字　　数	100 千字
印　　张	10
版　　次	2011 年 4 月第 1 版
印　　次	2022 年 9 月第 3 次印刷
出　　版	吉林出版集团股份有限公司
发　　行	吉林音像出版社有限责任公司
地　　址	长春市南关区福祉大路 5788 号
电　　话	0431-81629667
印　　刷	河北炳烁印刷有限公司

ISBN 978-7-5463-4279-5　　定价：34.50 元

前　言

实验是科学之母，才智是实验的女儿。一切推理都必须从观察与实验中得来，学会积极地动手动脑，在实验中学习、体会科学与真理，必定会为孩子的成才之路洒下一片更灿烂的阳光。

爱因斯坦说过：学习知识要善于思考，思考，再思考，我就是靠这个方法成为科学家的；我没有什么特别的才能，不过喜欢寻根刨底地追究问题罢了。

一切自然科学都是以实验为基础的，科学的研究方法是我们有力的思想武器。从小动手做实验，能够很好地培养我们的科学素养，对于孩子来说尤为重要，这就要求孩子们要有一颗能够创新学习的头脑。

所谓创新学习，是指学生在学习的过程中，不拘泥于书本，不迷信于权威，不依循于常规，而是以已有的知识为基础，结合当前的实践，独立思考、大胆探索、标新立异，积极提出自己的新思想、新观点、新思路、新设计、新意图、新途径、新方法。

这里的"新"，不仅指新发现，也指新发展。因为不可能每个人都能揭示新的原理，发现新的方法，只要把他人已揭示的原理和发现的方法应用于不同的问题上，就是一种创新学习。

其实，科学并不神秘。不妨试着多做研究，你会有许多体会的。

本书中收集了许多利用家里的日用器皿与其他日用品就可以操作的科学小实验。爱动脑筋、爱动手的小朋友们，让我们共同努力，成就一颗科学的头脑，学会用科学的方式思考问题吧！

目 录

难度系数 1

会"走路"的杯子…………003

　　会"吃"鸡蛋的瓶子…………004

小豆子"力气"大…………006

　　会预报天气的花…………008

杯连杯…………009

　　会漂浮的鸡蛋…………010

会"吹泡泡"的瓶子…………012

　　神奇的如意罐…………013

不用嘴吹的气球…………014

　　会自动变大的气球…………015

　　吹不大的气球…………016

水是纯净的吗？…………017

　　孔雀开屏…………018

神奇的牙签…………020

　　会动的纸鱼…………021

不会上浮的木板…………023

　　自己落水的硬币…………025

会自动变圆的棉线圈…………026

　　汤匙变磁铁…………027

纸蜘蛛…………028

　　会"举重"的水…………029

会"跳高"的乒乓球…………030

　　瓶子自己变瘪了…………031

自己会变方向的箭头…………032

　　这只气球会爆炸吗？…………033

吹不散的气球…………034

　　浮球之谜…………035

吹不灭的蜡烛…………036

　　瓶子赛跑…………037

会分合的水流…………038

　　拉不动一本书…………039

长大做个科学家！

001

最简单的方法辨别生、熟鸡蛋…………040
洗不干净的衣服…………041
血迹要用冷水洗…………042
变色水…………043
茶杯把手的作用…………044
巧化糖块…………045
会"游泳"的柠檬…………046
会变颜色的花…………047
隔着玻璃瓶吹蜡烛…………049
会"变脸"的气球…………050
球儿"起飞"…………051
手帕的秘密…………052

难度系数 2

莫比乌斯带…………055
恐怖的"单眼脸"…………056
"分分合合"的气球…………058
吸星大法…………059
能够吸引硬币的梳子…………061
拣盐粒…………062
水中取钉…………063
吹气变魔术…………065
烧不坏的手帕…………066
烫不坏的手帕…………067
切不碎的冰块…………068
用线"钓冰"…………070
会上坡的圆盒子…………071
节日里的"花纸雨"…………072
会"跳舞"的硬币…………073
洗涤剂的奥妙…………074
大头针的体积去哪儿了？…………075
糖到哪里去了？…………076
筷子提米…………077
水制放大镜…………078

我们一起做实验吧!

神奇的墨水·············080
　　自动旋转的口袋···········081
冲不走的乒乓球·········082
　　巧落火柴盒···········083
"抓住"空气·········084
　　可以变色的墨水·········085
种子发芽需要阳光吗?·········086
　　变绿的黄豆芽·········087
不吃糖的熟土豆·········088
　　鸡蛋壳去哪了?·········089
食盐和鲜花是好朋友?·········090
　　自己变色的叶子·········092
"流泪"的苹果·········093
　　面包霉菌·········094
遥控纽扣·········095
　　有趣的花盆冰箱·········096
　　吸管穿土豆·········097
能"祈福"的花·········098
　　自制"热气球"·········099
测量浮力·········100

难度系数 3

能直接落水的鸡蛋·········103
半生半熟的鸡蛋·········105
　　烛火熄灭了·········106
有趣的樟脑丸·········107
　　变色的碘酒·········108
头发被融化了·········110
　　水中魔力·········111
"听话的"火柴·········112
　　吹不掉的纸·········113
会"跳舞"的水滴·········114
　　脚蹼的作用·········115

潜水艇的奥妙…………116

人造彩虹…………117

　　水中滑翔机…………118

针孔眼镜…………119

　　烧不开的水…………120

奇妙的浮沉子…………121

　　谁偷走了重量?…………122

自动转轮…………124

　　自制"吹哨"水壶…………125

会吸水的杯子…………126

　　自制蜡烛抽水机…………127

能"吸水"的空气…………128

　　有趣的液体分层…………129

磁带指南针…………130

　　自制潜望镜…………131

纸杯旋转灯…………132

　　植物的向光性…………133

植物会呼吸!…………134

　　向上和向下…………135

自制灭火器…………137

　　西红柿电池…………138

"换新衣服"的钉子…………139

　　会自动倒下的一叠硬币…………141

会"喷水"的脸盆…………142

附录

科学加油站…………144

　　如何写实验报告…………151

实验报告（范例）…………152

难度系数 1

Part 1

在这一章中，我们将会介绍一些非常简便、易操作的科学小实验，请你抖擞精神，来和我一起快乐游戏吧，进入科学的殿堂其实并不难哦。

如果你对一些科学名词不甚了解，请参见书后附录"科学加油站"。

会"走路"的杯子

我们大家都是用腿走路的，杯子虽然没有腿，但是也能"走路"。你想知道杯子是怎么"走路"的吗？就让我们来做个实验看看吧。

你要准备

一只杯子／一支蜡烛／一盒火柴／一块玻璃板／两本书／少许水

我们一起做实验

❶ 将玻璃板放在水里浸一下。

❷ 将玻璃板的一边放在桌子上，另外一边用两本书垫起来。

❸ 将玻璃杯的杯口沾一些水，然后倒扣在玻璃板的高端。

❹ 将蜡烛点燃后去烤杯子的底部。

这时你会看到

玻璃杯自己慢慢地向下"走"去。

注意……

两本书加起来的高度大约只要5厘米，太高或太低，实验都不容易成功。

噢~原来如此！

用蜡烛去烤杯底的时候，杯内的空气受热膨胀，体积变大，装不下的空气就要往外面挤，但是由于杯口是倒扣着的，并且又被一层水封闭着，热空气出不去，就只能把杯子向上顶起一点，在自身重量的作用下，杯子就自己慢慢地往下滑了。

会"吃"鸡蛋的瓶子

大家应该都吃过鸡蛋吧。我告诉你,瓶子也能"吃"鸡蛋,你知道这是怎么办到的吗?

一枚熟鸡蛋／一只细口瓶／一盒火柴／若干纸片

我们一起做实验

❶把熟鸡蛋壳剥掉。

❷将纸片撕成长条状。

❸将点燃的纸条扔进瓶子里。

❹等瓶子内的火熄灭后,马上把鸡蛋放到瓶口,然后把手移开。

这时你会看到

鸡蛋慢慢地被瓶子吸进去,掉进瓶子里了。

注意……

1.瓶子口应该比鸡蛋小,而且当瓶内的火熄灭后,要迅速地把鸡蛋放在瓶口上,否则会影响实验的效果。

2.点燃纸条时一定要注意安全,不要让火接触到其他物体,同时注意手部的保护。

噢~原来如此!

由于纸片的燃烧,瓶子里热热的,当火熄灭后,瓶内的温度降低,瓶外的气压比瓶内的气压大,所以鸡蛋就被气压挤进瓶子里面了。

应用同样的原理，我们还可以让香蕉自动剥皮呢，下面就让我们一起试试看吧。

一根香蕉／一只空酒瓶／一些酒精

我们一起做实验

❶往酒瓶内倒入少量酒精。

❷把一根点燃的火柴扔进酒瓶内，使酒瓶里的酒精燃烧起来。

❸把香蕉末端的皮稍微剥开一点后，塞在瓶口上，使瓶口完全被香蕉肉堵住，香蕉皮搭在瓶口外面。

这时你会看到

瓶子拼命把香蕉往里吸，最后香蕉肉被瓶子吸进去，香蕉皮被剥落下来。

注意……

1.把香蕉末端塞在瓶口的时候，一定要把瓶口完全堵死，否则实验不容易成功。

2.注意正确使用酒精，要在家长或老师的指导下进行实验。

原因是什么？请你自己说说看吧：

小豆子 "力气" 大

可别小看了小小的豆子，它们甚至能将玻璃瓶 "顶" 碎呢！

干黄豆 / 一只有盖的薄壁玻璃瓶 / 水

我们一起做实验

❶ 把干黄豆装入玻璃瓶中，约占全瓶容积的四分之三。

❷ 将瓶中加满水，并将瓶盖盖紧。

❸ 观察瓶中豆子的变化，如果水被吸完了，打开瓶盖，继续加满水，再把瓶盖盖紧。

这时你会看到

玻璃瓶突然破裂了，吸足水的黄豆撒了出来。

注意……

1.黄豆一定要加得够多，太少的话会导致实验失败。

2.瓶盖一定要盖紧，否则也会导致实验失败。

3.实验结束后，要将碎玻璃瓶打扫干净，这时一定要注意安全，避免被玻璃碴儿割破手指。

我们一起做实验吧！

噢~原来如此！

在这个实验中，干黄豆吸水后，体积不断膨胀，于是便对玻璃瓶产生了很大的压力，但玻璃瓶的容积是一定的，加之瓶壁较薄，因此玻璃瓶便破裂了。

你知道水也能把瓶子顶破吗？这又是为什么呢？

清水／一只有盖的玻璃瓶／冰箱

我们一起做实验

❶ 将玻璃瓶中装满水。

❷ 把一满瓶清水放入冰箱的冷冻室中。

❸ 几天后，打开冷冻室拿出那一满瓶水看看。

这时你会看到 👀

水已经把玻璃瓶顶破了。

注意……

1.水一定要加得够多，太少的话，会导致实验失败。

2.瓶盖一定要盖紧，否则也会导致实验失败。

3.实验结束后，要将破裂的玻璃瓶处理好，一定要注意安全，以免被玻璃碴儿割破手指。

噢~原来如此！ 在这个实验中，水经冷冻变成固体后，体积膨胀，于是便对玻璃瓶产生了压力，但玻璃瓶的容积是一定的，加之瓶壁较薄，因此玻璃瓶便破裂了。

想一想，做一做：

如果瓶中装了盐水或是糖水又会怎样呢？也请你来试试看，并找出其中的原因吧。

会预报天气的花

有些小动物的特殊活动是天气变化的征兆。比如，我们看到蚂蚁搬家、蜻蜓飞得很低、很多鱼儿浮到水面上的现象时，就知道是天快要下雨了。你知道吗？花儿也可以预报天气喔。

 你要准备

一张红纸／一杯浓盐水／一个装满土的花盆

我们一起做实验

❶ 用红纸扎一朵花。
❷ 在花瓣上涂浓盐水。
❸ 把纸花插到花盆里。
❹ 连着仔细观察几天，并做好观察记录。

这时你会看到

当花的颜色变深的时候，天气是雨天或者阴天；当花的颜色变浅的时候，天气就是晴朗的。

注意……

盐水浓度要高，否则花瓣颜色变化不明显。

噢～原来如此！

盐是容易吸水的。纸花涂上浓盐水后，在阴天或雨天的时候，由于气压低，空气湿度大，空气中水分多，纸花上的盐吸收的水分也多，因此纸花颜色变深。相反，在晴天的时候，气压高，空气湿度小，纸花上的盐吸收不到水分，颜色当然就会变浅。

想一想，做一做：

仔细观察你身边的事物，看看当天气变化的时候它们都会有怎样的改变，并把它们记录下来吧。

杯连杯

　　两只玻璃杯怎样才能让它们连接在一起呢？请你想一想，看看你能说出多少种方法。现在让我们做个小实验吧，比比看谁的方法更"神奇"。

你要准备

　　两只空玻璃杯／一小截蜡烛／一张面巾纸

我们一起做实验

❶ 把一小截蜡烛放在一只空玻璃杯中，并将蜡烛点燃。

❷ 将面巾纸浸湿，覆盖在点燃蜡烛的杯子上。

❸ 把另一个杯子覆盖在这个杯子上面。

❹ 几秒钟之后，蜡烛熄灭了。

这时你会看到

　　两个杯子已经紧紧地在一起，拿起上面的一个，另一个也跟着起来了。

注意……

　　两个杯子要同样大小，否则实验不能成功。

噢～原来如此！

　　吸水的面巾纸是透气的，蜡烛熄灭前已经把两个杯内的氧气消耗光了。并且在盖上吸水的面巾纸之前，杯子里已有一部分气体膨胀后跑掉了。于是两个杯子内的气压就比杯子外低很多，它们就被杯子外的大气压紧紧地"压"在一起了。

好玩的实验
Let's go!

009

会漂浮的鸡蛋

一枚普通的鸡蛋放入清水中，肯定会沉入水底，但是当我们把"魔粉"倒入水中，鸡蛋就能漂起来！不信你也来试试！

食盐／一只大碗／一枚新鲜的鸡蛋／水

我们一起做实验

❶ 将准备好的鸡蛋放入大碗中。

❷ 注入清水。

❸ 将准备好的食盐倒入水中，一边倒一边搅动盐水。

这时你会看到

原本沉在水底的鸡蛋慢慢漂浮起来了。

 注意……

在这个实验中，盐要加得多一些，这样效果才能明显。

噢~原来如此！

物体在水中的沉浮取决于它的密度。鸡蛋的密度比清水大，因此放入清水中后，一定会沉入水底。但当加入食盐后，清水就变成了盐水，当盐水的密度大于鸡蛋的密度时，鸡蛋所受浮力大于重力，于是盐水就把鸡蛋"托"起来了。而且，当食盐溶液的密度等于鸡蛋的密度时，就可以使鸡蛋悬浮在食盐溶液中的任何位置。

仍然用上述的材料，换个方法试试看，把一枚生鸡蛋放入一个装满水的玻璃瓶中，它可能沉到瓶底，也可能悬浮在水中间，还可能浮到水面上哦。现在我们来做个实验，试试看吧！

食盐 / 一只玻璃瓶 / 一枚生鸡蛋 /

我们一起做实验

❶ 把大量的盐倒入水中，搅拌均匀，直到盐在水中不再溶解为止。

❷ 把生鸡蛋放入盐水中。

❸ 把没有掺盐的水沿着罐头瓶壁慢慢地倒入瓶中。

这时你会看到

鸡蛋刚放入盐水中时是浮在盐水上面的，逐渐放入清水后，鸡蛋居然会慢慢下沉，悬在水的中间，既不沉到水底，也不浮在水面上。

注意 ……

把没掺盐的水倒入瓶中的时候一定要慢慢地倒入，并且要沿着瓶壁倒，否则会影响实验结果。

原因是什么？请你自己说说看吧：

想一想，做一做：

请你自己动手试试看，如果把盐换成糖，或是把冷水换成热水，又会出现怎样的状况呢？并试着找出原因吧。

会"吹泡泡"的瓶子

很多人都吹过泡泡，可是瓶子也会"吹泡泡"，你相信吗？

一个饮料瓶／冷热水各一杯／一杯彩色水／一个大盘子／一块橡皮泥／一段透明胶带／若干吸管

我们一起做实验

① 将吸管用透明胶带连接起来，形成一根长管。

② 将吸管放入饮料瓶中，用橡皮泥把瓶口密封起来，然后把瓶子放在盘子中。

③ 弯曲吸管，使吸管的一端伸入装有彩色水的玻璃杯中。

④ 往饮料瓶的瓶壁上浇热水。

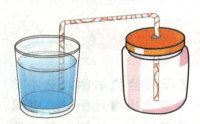

这时你会看到

伸入到有彩色水中的那一端吸管吐出了很多泡泡。

噢～原来如此！ 当我们往饮料瓶上浇热水时，瓶子里的空气被加热，空气受热会膨胀，于是一部分空气就被挤出饮料瓶，通过吸管跑到装有彩色水的玻璃杯中。我们看见的气泡就是跑出来的空气。

注意 将吸管连接成长管的时候，透明胶带一定要粘得很牢固，不能让吸管间留有空隙，否则空气会从空隙中跑出来，从而影响实验效果。

神奇的如意罐

让我们来做个神奇的如意罐吧，它甚至能如你所愿回到你身边，你知道这是为什么吗？

一只有盖的茶叶罐／钉子／一只螺母／一根橡皮筋

我们一起做实验

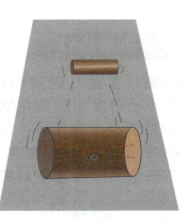

❶用钉子在茶叶罐盖和底部各凿两个孔，两孔相距 1~2 厘米。

❷将橡皮筋以"8"字形穿过 4 个孔，并将两端接在一起。

❸将螺母系在橡皮筋中央的交叉处。

❹把做好的如意罐放在坚硬、光滑的水平面上向前滚动，并观察它滚动的情况。

这时你会看到

如意罐滚出一段距离后，会自动向回滚。

噢~原来如此！

当你滚动如意罐时，系在橡皮筋中央的重物使橡皮筋绞缠在一起，发生扭曲。你最初推得越用力，皮筋就变形得越厉害，由此得到的弹性势能也越大。当推动罐子使它滚动的能量用完之后，罐子停止滚动。由弹性变形产生的势能便释放出来，这时弹性势能转化成动能，罐子就滚回到你身边。当皮筋松开时弹性势能就消耗完了，罐子便停止了转动。

想一想，做一做：

请你自己动手试试看，如果不把皮筋绞缠成8字形，或是不把螺母放在皮筋中央的交叉处，又会出现什么样的状况呢？试试看，并试着找出原因吧。

不用嘴吹的气球

大家应该都吹过气球，但是我现在告诉你，气球不用嘴吹也能使它鼓起来，你知道这是怎么做到的吗？

一只塑料瓶／一只气球／一只空盆／一瓶热水

我们一起做实验

❶ 把没盖盖儿的塑料瓶放入冰箱，约一个小时后拿出，放在空盆里面。

❷ 先多吹几次气球，使气球皮稍松一些。

❸ 把气球口紧紧套在塑料瓶的瓶口上，不断把热水淋在塑料瓶上。

这时你会看到

气球慢慢地鼓了起来。

往空盆里倒入一半左右的热水就可以了，不要让水溢出来。

噢～原来如此！

空气热胀冷缩。当塑料瓶被放进冰箱的时候，温度降低，塑料瓶里就"跑"进比平时多的空气。当我们把塑料瓶从冰箱里面拿出来，并往其外面倒热水的时候，瓶里的温度上升，空气体积增大，最终便使气球鼓起来了。

014

应用同样的原理，不需要吹气，气球也可以膨胀起来。我们来试试吧。

一只小气球／一盆热水

我们一起做实验

❶ 往气球里面吹一点气，但不要吹足，然后扎紧。
❷ 把气球放入热水里面泡一两分钟。
❸ 把气球从热水中拿出来。

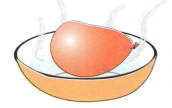

这时你会看到

气球变得比原来大了很多，但是过了几分钟，气球又恢复原来的大小。

注意 ……

给气球吹气的时候不要吹得太多，否则实验不能成功。

原因是什么？请你自己说说看吧：

吹不大的气球

有越吹越大的气球，也有吹不大的气球，你相信吗？让我们来做个实验吧。

你要准备

一只空饮料瓶／一只气球

我们一起做实验

❶ 准备一只气球和一只空的饮料瓶，将气球塞进瓶内。

❷ 拉大气球的吹气口，反扣在瓶口上。

❸ 嘴对瓶口用力吹气，你尽管使出最大的劲，吹得面红耳赤，看看有什么结果。

016

这时你会看到

气球只不过大了一点点，但却怎么也鼓不起来。

注意……

不要选择太大的气球，气球的形状也最好是长条状。

噢～原来如此！

原来，瓶子内本来是有空气的，当把气球的吹气口反扣在瓶口上后，这些空气就被密封在瓶内。当你吹气时，瓶内空气的体积被压缩而减小，因此瓶内的压强增大，对气球的压力也增大，当瓶内的压力与吹气球产生的压力相当时，气球就再也吹不大了。

水是纯净的吗？

我们每天都在使用的自来水看上去清澈、透明，但它是纯净的吗？下面我们就来做个小实验，验证一下吧。

你要准备

一块玻璃片／一支蜡烛／两个空易拉罐／自来水

我们一起做实验

❶ 将玻璃片架在两个空易拉罐中间。

❷ 将蜡烛固定在玻璃片下方。

❸ 在玻璃片上滴上少量自来水。

❹ 点燃蜡烛，观察玻璃片上水的变化。

这时你会看到

水慢慢地蒸发了，玻璃片上留下一块白印儿。

噢～原来如此！

自来水并不纯净！里面溶解有许多杂质，如钙、镁等物质的化合物，它们为固体时大都是白色的，且不会被蒸发，也不会燃烧，所以当水受热蒸发以后，这些化合物就呈固体状态留在了玻璃片上，形成了白印儿。

注意……

注意用火安全，避免被受热的玻璃片或易拉罐烫伤。

想一想，做一做：

水壶中的水碱是什么？是怎么来的呢？想想看，并试着找出答案吧。

孔雀开屏

一只秃尾巴的小孔雀能在瞬间开屏，你也一起来试试看吧！

你要准备

一片硬纸板／两张白纸／一根竹筷子／铅笔／彩笔

我们一起做实验

❶ 在硬纸板上画一个"∩"形图，并沿线剪下。

❷ 在硬纸板的两面粘上白纸。

❸ 在白纸上依下图所示，一面画没开屏的孔雀，一面只画孔雀屏，并涂上你喜欢的颜色。

❹ 将竹筷子前端劈开一个小口，作为握柄。

❺ 将剪好的"∩"形纸板插入竹筷子前端的开口处，制成一把小扇子。

❻ 将扇柄握在手中，两只手快速搓动扇柄。

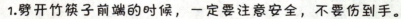

这时你会看到

画面中的孔雀开屏了。

注意……

1. 劈开竹筷子前端的时候，一定要注意安全，不要伤到手。

2. 最好能够请家长协助操作。

噢～原来如此！

　　人的眼睛看东西的时候，具有一个特性：当东西消失后，视觉并不立即消失，还要保留 0.1 秒左右，这种现象叫作"视觉暂留"。

　　实验时，孔雀和羽毛在眼睛中造成的"视觉暂留"不断重叠交替出现，连续起来就成为孔雀开屏的图案了。我们看的动画片，就是根据这个原理绘制而成的。

举一反三

应用同样的原理，我们还能自己作动画效果呢，你也来试试吧。

你要准备

一根筷子/四张大小、颜色相同的方形纸片/彩笔

我们一起做实验

❶ 将四张纸从中间对折。

❷ 在每一张纸的中间画上你喜欢的、动作连续的图形。

❸ 将四张图片的背面依照动作顺序粘在事先准备好的筷子上。双手快速搓动筷子。

这时你会看到

纸上的图案动起来了！

原因是什么？请你自己说说看吧：

神奇的牙签

如果我告诉你，牙签能自己在水里"游动"，你相信吗？知道这是怎么办到的吗？

你要准备

一根牙签／一盆水／一块方糖

我们一起做实验

① 先把牙签轻轻地放在水面上。

② 把方糖放在水盆中离牙签较远的地方。

020

这时你会看到

牙签开始向着方糖的方向游动了。

注意……

放置牙签跟方糖的时候，动作要轻，不要引起水面剧烈地波动，否则会影响实验的效果。

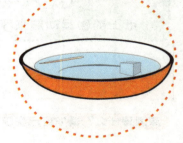

噢~原来如此！

当你把方糖放入水盆中的时候，方糖溶解会吸收一些水分，所以会有很小的水流往方糖的方向流动，而牙签比较轻，因此也被这股小水流牵引着往方糖的方向移动。

想一想，做一做：

如果放一块冰糖或是放一粒粗盐在水里，会出现同样的状况吗？请你自己动手试试看吧。

会动的纸鱼

　　鱼儿在水中会游来游去十分灵活，但是你相信吗？用纸做的鱼在水中也可以"游"动呢。现在就让我们来看看它是如何动起来的吧。

一只小水盆／一块硬纸板／一把剪刀／水／餐具洗涤剂

我们一起做实验

❶ 按照右图在硬纸板上剪出鱼的模型。

❷ 往小水盆里面倒满水。

❸ 把鱼的模型放进水盆里。

❹ 往鱼模型的圆圈中间滴一滴洗涤剂。

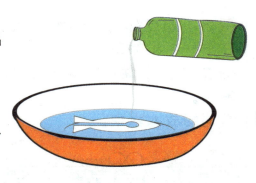

这时你会看到 👀

鱼开始向前"游"动了。

注意……

鱼的模型要大致和图上的一样。

噢~原来如此！

　　刚开始纸鱼被放进水盆里时，水分子在各个方向上的拉力都相等，能够相互抵消，所以纸鱼就静止不动。当滴入洗涤剂后，水分子的这种拉力平衡遭到了破坏。洗涤剂沿着圆圈往后流动的时候，就破坏了纸鱼尾巴处水分子的拉力，但是纸鱼头部的拉力仍然存在，在这个拉力的作用下，纸鱼就向前游动了。

举一反三

应用同样的原理，我们能让很多东西动起来呢，下面我们就来做个实验吧。

你要准备

一张硬纸／一盆水／一支圆珠笔

我们一起做实验

❶ 用硬纸叠成一只小船。

❷ 将小船尾部的纸撕掉一点，开出一个小缺口。

❸ 在那个小缺口上涂点圆珠笔油。

❹ 将船放入水中。

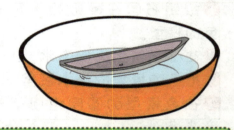

这时你会看到

小船像装了小马达一样，开始向前航行了。

注意

小缺口不要撕太大。

原因是什么？请你自己说说看吧：

想一想，做一做：

另外，在这个实验中，如果把圆珠笔油换成食用油或是洗涤剂，会出现什么效果呢？请你自己动手做一做，并写出你的观察结果吧。

不会上浮的木板

由于浮力的原因，木板一般都是浮在水面上的。现在我们来做个实验，可以让木板沉在水底而不会浮上来哦。

你要准备

一块小木板／一个底面光滑的脸盆／一张砂纸／水

我们一起做实验

❶ 用砂纸在木板上用力地磨擦，把木板磨擦得非常光滑。

❷ 往脸盆中倒入约三分之二的水。

❸ 把木板用力压到盆底。

这时你会看到 👀

　　松手后，木板还是"乖乖"地待在盆底，没有浮起来。

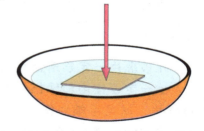

注意……

　　一定要把木板磨擦得非常光滑。

噢～原来如此！

　　由于木板表面粗糙不平，不能与盆底紧密结合在一起，所以木板受到向下的力始终小于向上的浮力，这样木板就会浮在水面。而当把木板表面打磨得非常光滑以后，木板就能够与盆底紧紧粘在一起，当我们用力把木板压到盆底后，木板与盆底间没有空隙，没有水钻进去，木板受到的浮力就变小了，所以木板就会沉在水底了。

举一反三

在生活中，你是否注意到：泥泞的路面有时会把我们的鞋子粘掉；当两块玻璃片被沾湿之后，会很难被分开。

你要准备

两块玻璃片 / 水

我们一起做实验

① 把两块玻璃片在水中浸一下。

② 把被沾湿的玻璃片用力压合在一起。

③ 用两手分别扣住两块玻璃片，用力向两边拉。

这时你会看到

玻璃片像是紧紧地"咬合"在一起，很难被分开。

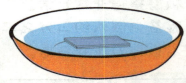

注意

1. 玻璃片一定要清洁光滑。

2. 一定要使用边缘被打磨过的玻璃片，以免手被划伤。

原因是什么？请你自己说说看吧：

想一想，做一做：

另外，怎样才能轻松地将"咬合"得紧紧的玻璃片分开呢？也请你开动脑筋，想想看吧。

024

自己落水的硬币

把一枚硬币架在瓶口的牙签上，不许碰硬币、牙签和瓶子，让硬币直接落入水中。试一试，你也能行！

 你要准备

一根木质牙签／一枚硬币／一只瓶口足以让硬币落入的瓶子／水

我们一起做实验

❶ 将牙签折弯，但不要完全折断，架在瓶口上。

❷ 将硬币架在牙签上。

❸ 用手指蘸些水，滴在牙签的弯折处。

这时你会看到

牙签会慢慢地变直，稍过一会儿，硬币便会落入瓶中。

 注意……

牙签只要折弯就可以了，千万不要将它完全折断。

噢～原来如此！ 这是因为木质的牙签上有许多微小的管状纤维，将水滴在断裂处后，该处的纤维会吸水膨胀，并使得牙签发生移动，这样架在牙签上的硬币就会失去平衡并落入瓶中了。

会自动变圆的棉线圈

用一根棉线围成一个圈，并把它放在水中。你会发现，它不一定是圆形的。你能使这个线圈"自动"变圆吗?

 你要准备

一根棉线／一只大碗／一根牙签／一小块肥皂

我们一起做实验

❶ 用一根棉线围成一个圈，并把它放在水中。

❷ 在牙签的一端粘上一小块肥皂，插进棉线圈中。

026

这时你会看到 👀

棉线圈立刻就自动胀成了圆形，好像画的圆一样。

噢~原来如此!

当小肥皂块插入棉线圈中时，破坏了水的表面张力，但此时棉线圈外水的表面张力仍然很大，它从各个方向上拉动线圈，棉线圈因此就自动变圆了。

汤匙变磁铁

吃饭的汤匙相信大家都很熟悉，如果我说经过简单的处理后，汤匙就可以变成磁铁，你相信吗？

一只汤匙／一块磁铁／一些轻小的金属物体（如小别针、发卡、夹子等）

我们一起做实验

❶用磁铁在汤匙上慢慢地来回摩擦十分钟左右。
❷用汤匙去靠近轻小的金属物体。

这时你会看到

汤匙已经变成了磁铁，可以吸引起那些轻小的金属物体。

注意……

1.汤匙应该是铁或镍等金属的，如果是铜、铝等或是塑料、木头的则实验不能成功。

2.我们身边的很多地方都有磁铁，比如冰箱贴上、有磁性搭扣的包装盒上……

噢~原来如此！

构成汤匙的金属物质相当于一个个的小磁铁，由于它们磁场方向不同，作用被互相抵消，因而平时汤匙就没有表现出磁性。但是用磁铁摩擦汤匙后，汤匙内的小磁铁的磁场被强行排列成一个方向，汤匙就产生了磁性。

想一想，做一做：

是不是所有的金属都能通过这个方法变成磁铁呢？请你想一想，并且自己动手试试看吧。

027

纸蜘蛛

用纸做出来的蜘蛛也会动吗？我们来做个实验看看就知道了。

一张报纸／一把剪刀／一条毛巾

我们一起做实验

❶ 剪下一块笔记本大小的报纸。

❷ 把它的两边沿竖向各剪出八个窄条，剪成蜘蛛的形状。

❸ 把剪好的报纸放在桌上，用毛巾来回摩擦几次。

❹ 把报纸从桌上拿起来。

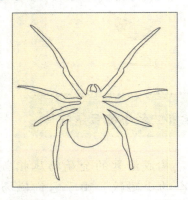

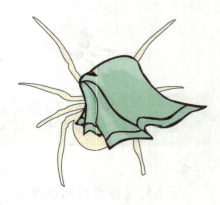

这时你会看到

这只纸蜘蛛好像有了生命，八个窄条来回摆动，就像蜘蛛的腿在动一样。

噢～原来如此！纸片被毛巾摩擦后带电，又因为每个纸片带的电荷都是一样的，根据同性相排斥的原理，它们一接触到对方就马上分开，我们就会看到蜘蛛的"腿"来回摆动。

 注意……

毛巾摩擦的方向要一致。

会"举重"的水

　　要是让你提着一个装满了石头的口袋，你肯定会觉得很困难。但是水却可以帮你的忙，让你觉得易如反掌。不信你就试试！

一大杯水／一堆石头／一只大塑料盆／一个塑料袋

我们一起做实验

① 把石头装进塑料袋，然后提起来，这时你会觉得它很重。
② 把装着石头的塑料袋放进塑料盆里。
③ 把水倒进盆里。
④ 再提起塑料袋。

这时你会看到 👀
　　袋子似乎"变轻"了，提起装石头的袋子要容易些了。

　　把水倒进盆子的时候，要小心不要倒进袋子里，否则会影响实验结果。

噢～原来如此！　　水有浮力，它的浮力会把袋子往上面托起，就像有东西在下面支撑着袋子一样，所以提的时候就会觉得袋子变轻了。

会"跳高"的乒乓球

你能不用球拍只用嘴，而让乒乓球"跳"起来吗？下面我们来做个实验试试看吧。

你要准备

一个乒乓球／两只杯子

我们一起做实验

①把两只杯子并排放在一起。
②把乒乓球放进其中一个杯子里面。
③对着球的上方持续吹气。

030

这时你会看到 👀

乒乓球慢慢地浮起来，然后跳到另一个杯子里去了。

注意……

吹气的时候，要对着乒乓球的上方吹气。如果从其他角度吹的话，实验比较难成功。

噢～原来如此！

对着乒乓球的上方吹气，球上方的压力变小，下方压力变大，下方的气压就把乒乓球挤上去了，一直持续吹的话，乒乓球就会越升越高，最终"跳"出去。

瓶子自己变瘪了

你有没有试过用手把塑料瓶子弄瘪？现在这里有一种方法，我们可以不用手就能把塑料瓶子弄瘪，你也来试试。

一杯温开水／一只空塑料瓶

我们一起做实验

❶将温开水倒入空塑料瓶中，停留 30 秒左右。

❷将瓶中的温开水倒掉，并迅速拧紧盖子。

这时你会看到

塑料瓶慢慢地瘪了。

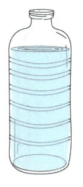 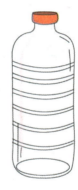

注意……

1.不要用过热的水，会伤到手，还会使瓶子变形而影响实验效果。

2.把瓶中的水倒掉后，要迅速地把盖子盖紧。

噢～原来如此！

瓶子一开始装了温开水，瓶内的空气被加热膨胀，于是一部分空气溢出瓶外。盖紧瓶盖后，瓶内空气逐渐冷却，使得瓶内的气压降低，瓶外的气压比瓶内的高，所以瓶子就被压瘪了。

自己会变方向的箭头

将一张画有箭头的纸放在一只水杯后面，箭头的方向居然颠倒过来了，这是为什么呢？

一张纸／一支笔／一只柱形玻璃杯／水

我们一起做实验

❶ 在纸上画一个箭头。

❷ 将水注入玻璃杯，水面要略高些。

❸ 将纸放在水杯后面，从前面透过玻璃杯观察箭头。

  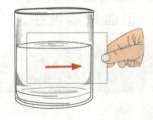

这时你会看到

不用翻动纸，纸上的箭头居然自己改变了方向。

注意 ……

玻璃杯中的水位一定要高过箭头。

噢～原来如此！

这是光的折射搞的怪！

当光透过媒介照射到某一物体时，光的方向会发生改变，这就是折射。在这个实验中，光从空气中穿过玻璃杯，又穿过水，使光在到达你眼前的时候，方向已经发生了改变，以至于箭头的指向好像真的发生了改变似的。

想一想，做一做：

如果想让箭头的方向再变回来，又该怎么办呢？请你想想看吧。

032

这只气球会爆炸吗？

用一根针扎破气球，气球却不会"啪"的一声爆炸，你知道这是怎样做到的吗？

一只气球 / 一块胶布（橡皮膏、胶带都可以）/ 一根针

我们一起做实验

❶ 把一只气球吹足气，并将口扎紧。

❷ 用胶布（或橡皮膏、胶带）贴在气球上。

❸ 拿一根针从贴着胶布的地方把气球扎破。

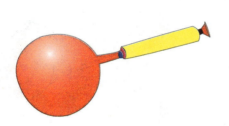

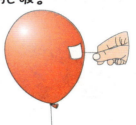

这时你会看到 👀

气球并没有"啪"的一声爆炸，而是气从针孔处慢慢冒出来，气球慢慢地瘪下去。

注意 ……

扎破气球的时候，一定要选择贴胶布的地方。

噢~原来如此！

气球被扎破时，溢出的空气造成一股压力，橡胶和胶布对这种压力的反应是不同的。在没有贴胶布时，由于橡胶脆而薄，当气球内被压缩的空气从扎破的小孔冲出时，气球皮便一下子被撑破了，同时发出很大的声响。但是胶布比较坚固，它可以经受住压缩空气冲出时造成的压力，所以才不会突然破裂。

这个实验的原理，已经被人们运用到了生产实践中，防爆车胎就是据此原理制成的。

吹不散的气球

往两只挂起的气球中间吹气，气球却不会被吹散，这个实验将向你显示当空气运动时，气球的行为有多奇怪。

你要准备

两只气球 / 两根细线 / 一根可悬挂物品的细绳 / 一根吸管

我们一起做实验

① 将两只气球吹到一样大小，并用细绳将它们系好。
② 将两只气球相距约 3 厘米悬挂起来。
③ 用吸管在气球中间吹气。

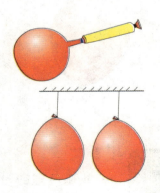

这时你会看到

两只气球不但没被吹开，反而是移到了一起。

噢～原来如此！

当你吹气的时候，两只气球之间的空气变得稀薄而导致压力下降，但两只气球外侧的空气仍保持着原有的压力，这样气球外侧较大的压力便将气球"推"到了一起。

想一想，做一做：

如果把较轻的气球换成苹果或者其他东西，还会不会出现上述的现象呢？请你动手做一做，找出答案吧。

浮球之谜

在一些游艺宫里，有种游戏是海狮将一个球吹起浮在空中。这个球既不落下也不飘走，是什么原因呢？我们做个实验来解开这个谜。

你要准备

一张纸 / 一只乒

我们一起做实验

❶ 用纸卷一个细长的筒。

❷ 把一只乒乓球放在筒口上举起来，你在下端向筒内吹气。

吹气

这时你会看到

此时的乒乓球并没有被吹飞，而是被吹得浮在空中。

注意……

最好选择质地硬的纸张，所卷的纸筒直径应略小于乒乓球的直径。

噢~原来如此！

乒乓球被气流顶起来后，气流便沿球与纸管之间的空隙向四周扩散，由于气流速度快，气压会变低，而乒乓球背着气流一面的气压相对较大，上部气压控制乒乓球不被吹走。

吹不灭的蜡烛

大家应该都吹过蜡烛。如果我告诉你，可以用一种方法，让蜡烛怎么都吹不灭，你会相信吗？让我们来试试吧。

 你要准备

一根蜡烛／一盒火柴／一个小漏斗／一个平盘

我们一起做实验

① 把蜡烛点燃后固定在平盘上。

② 把漏斗的宽口对着蜡烛的火焰。

③ 从漏斗的小口对着火焰用力吹气。

这时你会看到

无论你怎么吹，蜡烛都很难被吹灭。

◇**注意**……

1. 一定要把漏斗的宽口对着蜡烛，否则实验不能成功。

2. 要注意用火安全。

3. 如果你的家中没有现成的漏斗就自己动手做一个吧，将一张纸卷成细圆筒，用另一张纸卷成圆锥状，将它们紧紧地套在一起，中间用胶带或胶水固定住就可以了。

噢～原来如此！

吹出的气体经由漏斗的小口到宽口时，逐渐疏散，到达蜡烛火焰上的气压非常弱，所以无论怎么吹都吹不灭蜡烛。

瓶子赛跑

装有沙子和装有水的两个瓶子从同一高度滚下来，谁先到达终点呢？你想知道结果吗？

两只一样的瓶子 / 若干沙子 / 若干水 / 一块长方形木板 / 两本厚书

我们一起做实验

❶ 将两本书叠起来，把木板一端放在书上，另一端放在桌子上。

❷ 分别往两个瓶子中装满水和沙子。

❸ 把两个瓶子放在木板上，让它们从同一高度往下滚。

这时你会看到

装水的瓶子比装沙子的瓶子先到达终点。

注意……

两个瓶子一定要大小一样，重量相等，否则实验结果会不准确。

噢~原来如此！

沙子对瓶子内壁的摩擦力要比水对瓶子内壁的摩擦力大，而且沙子之间也有摩擦，这样装沙子的瓶子滚下时所受到的阻力比装水的瓶子要大，所以装水的瓶子先到达终点。

会分合的水流

多股水流用手一抹，就会发生神奇的变化，竟变成一股水流，这是为什么呢？让我们来尝试做下面的实验。

一只空饮料瓶／一根粗针／水

我们一起做实验

❶ 在空的饮料瓶底部用粗针钻 5 个小孔（小孔间隔在 5 毫米左右就可以了）。

❷ 将饮料瓶内盛满水，水会分成 5 股从 5 个小孔中流出。

❸ 用大拇指和食指将这些水流捻合在一起。

这时你会看到

用大拇指和食指将这些水流捻合在一起，手拿开后，5 股水就会合成一股，如果你用手再擦一下罐上的小孔，水就又会重新变成 5 股。

 注意……

饮料瓶上小孔的距离一定要适当，不能太大。

噢～原来如此！

水在流动的时候，表面会产生张力，这样 5 股水流之间互相吸引的张力使它们聚合成一股水流了。

拉不动一本书

读了本文的标题，你也许会问："这是一本什么书？为什么这么重？"

一本较厚的书／一根细绳

我们一起做实验

❶请准备一本较厚的书籍（比如《辞海》等）。

❷再找一根长的细绳，把它的中段夹在书的当中，如图中那样打一个结。

❸用双手捏住绳子两头（分别离结约 40 厘米），使劲朝两边拉，看看能不能将绳子拉成直线。

这时你会看到

这个实验的结果不是绳结垂下成 V 字形，就是你把绳子拉断了。

注意……

在选择绳子时，最好用那些纤维材料的，这样能够更结实一些，也利于实验的成功展开。

嗯～原来如此！

这是一场"不公平"的拔河比赛，那本书虽然不重，却处于绝对有利的位置。因为根据力学的原理，绳子承受的重力都集中在它的中心上，这样你的两只手虽然很有力，但是力气却根本用不到书上。

最简单的方法辨别生、熟鸡蛋

不借助任何工具，你能辨别桌面上两枚鸡蛋的生、熟吗？

一枚生鸡蛋／一枚熟鸡蛋

我们一起做实验

❶ 在一个平整的地方转动生鸡蛋，并注意观察它的转速。

❷ 用相同的力量在同一个地方转动熟鸡蛋，并注意观察它的转速。

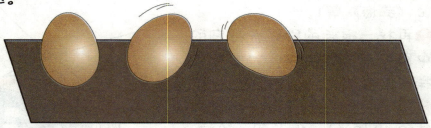

这时你会看到 👀

熟鸡蛋要比生鸡蛋转得快而且稳。

注意……

一定要注意两次转动鸡蛋用的力量要大致相同，否则会影响实验结果。

噢～原来如此！

生鸡蛋的内部装满了比重不同的液态物质，旋转时蛋内部的物质会以不同的速度运动，因而导致整个蛋转得慢，还令它失去平衡。熟鸡蛋的内部已经变成固体，旋转时蛋内部的物质转速是相同的，因而整只鸡蛋就会以较高的速度转动。

洗不干净的衣服

我们都知道衣服是越洗越干净的，但是你知道吗，有的时候无论你花多大的功夫，衣服都洗不干净，这又是为什么呢？

一件脏衣服 / 少许洗衣粉 / 一块肥皂 / 水 / 盆

我们一起做实验

❶ 在盛满水的盆中放入肥皂和洗衣粉。

❷ 将脏衣服放在里面洗，看看有什么效果。

这时你会看到 👀

无论你怎么用力地洗，衣服都洗不干净。

可以尝试着分别用洗衣粉或者肥皂洗，比一比，洗后的效果是怎样的。

噢~原来如此！

切忌肥皂、洗衣粉混用。洗衣粉呈酸性，一般肥皂呈弱碱性，二者混用会发生中和反应，反而达不到去污的目的。

血迹要用冷水洗

衣服上如果不小心沾上血迹，记得要用冷水洗，一定不能用热水洗喔。这个实验将会告诉你为什么。

少量新鲜的动物血液 / 两块白布 / 一盆冷水 / 一盆热水 / 洗衣粉

我们一起做实验

❶ 在两块白布上分别滴几滴动物血液。

❷ 将一块白布泡在热水中，另一块白布泡在冷水中，浸泡10分钟左右。

❸ 取出白布。这时泡在热水中的白布上，血迹已经变成暗红色。而泡在冷水中的白布，血迹依然是鲜红的。

❹ 用洗衣粉分别搓洗两块白布上的血迹。

这时你会看到

用冷水泡过的白布上的血迹洗得干干净净，而用热水泡过的白布上的血迹无法洗干净。

嗷~原来如此！

血液中的血红蛋白遇热后会发生化学变化。没有发生化学变化的血迹可以溶解在水中，而发生化学变化以后的血迹不能够溶于水。

因此，如果你不小心被碰伤或划伤等出血后，首先要及时清洗，其次一定要记得用冷水清洗。

血液滴在布上以后，要马上浸泡，不要在空气中暴露太久。

变色水

清澈的水是没有颜色的，但是经过实验后，会使水的颜色变得像彩虹一样的漂亮，让我们来试试看吧！

你要准备

装满水的水桶／牛奶或米汤／细线／一面小镜子／一把手电筒

我们一起做实验

❶往水桶里加入一些牛奶或米汤，搅拌成乳状的液体。

❷用细线栓住一面小镜子，浸入水中。

❸打开手电筒照射小镜子，观看镜子反射回来的光是什么颜色的。

这时你会看到 👀

不断改变镜子浸入水中的深度，反射光会不断改变颜色。当镜子的位置由浅入深时，光的颜色会发生如下变化：白色→黄白色→橙色→红色→暗红色。

注意……

手电筒的光线要足够强，效果才会好。

噢~原来如此！

白光是由红、橙、黄、绿、青、蓝、紫七种波长不同的色光组成的。其中波长较短的紫、蓝等色光的穿透能力差，经过液层时，被水分子和悬浮的小颗粒散射了，无法通过液层；而黄、橙、红色光的波长较长，并且后者比前者更长，它们的穿透能力也一个比一个强，所以会发生上述情况。

茶杯把手的作用

很多杯子，尤其是瓷杯子都是带把手的，你知道这是为什么吗?

你要准备
一只有把手的杯子/凡士林膏/热水/两根火柴

我们一起做实验

① 用黏稠的凡士林膏把两根相同的火柴分别粘在茶杯的外壁和把手上。

② 往茶杯中倒入开水，看看有什么事情发生。

这时你会看到
粘在外壁上的火柴先掉下来，而把手上粘着的那根火柴却迟迟不掉。

注意……
使用热水时小心不要被烫到。

噢~原来如此!
选用外壁和把手用相同材料制成的茶杯，当杯中倒入开水后都有热量传导过来。但是由于周围空气的对流作用，把手的散热性能更好一些，因此外壁温度明显升高时，把手处的温度变化比较小。由于凡士林受热后变稀，粘不住火柴杆，所以实验中就用它显示温度的变化。

现在，你该明白茶杯外壁上为什么要装把手的道理了吧。

巧化糖块

下面这个实验会教我们怎么能够更快地喝到糖水，感兴趣吗？让我们来试试看吧！

两颗水果糖 / 两杯冷水 / 线绳

我们一起做实验

❶ 找两颗同样的水果糖，两杯冷水。

❷ 将一颗糖扔入一杯水中，它很快就会沉底；把另一颗糖用线绳拴住，吊在另一杯水中间，仔细观察两颗糖哪个溶化得更快？

这时你会看到

吊在水中间的糖块几分钟就化完了，而沉底的那块才化了一小部分。有趣的是，在吊着糖的那个杯子里，下半杯浑浊的糖水和上半杯透明的清水，界线竟非常鲜明。

两块糖的大小一定要相同，而且应该是同一个品牌的。

噢~原来如此！ 你还可以改变糖的高度继续做这个实验，你会发现糖吊得越低溶化速度越慢，糖吊得越高溶化速度就越快。糖在水中的溶解，一靠扩散，二靠对流。冷水温度较低，扩散的作用不明显，所以沉入水底的糖不容易溶化。而吊在水中的糖，由于糖水比清水重，糖水下沉，清水上升，形成对流，糖的位置越高，水对流的范围越大，糖才越容易溶化。

会"游泳"的柠檬

漂亮又好吃的柠檬也是"游泳高手"呢，你知道这是为什么吗？

一个柠檬／一只玻璃杯／水

我们一起做实验

❶ 在玻璃杯里注入一些水。

❷ 将柠檬的皮剥掉，把它放入水中，看看有什么现象发生。

这时你会看到

刚开始柠檬会沉下去，过一会儿它就浮到水面上，开始"游泳"了。

注意……

要选择新鲜的柠檬，这样效果会更明显。

噢~原来如此！

剥掉皮的柠檬的表面有很多吸水能力很强的细胞，在将它投入水中后，它会不断地吸水，这样柠檬就开始"游泳"了。

会变颜色的花

在不染色的情况下，花也可以变颜色。你想知道这是怎么办到的吗？

一瓶蓝墨水／一枝带有叶子和花的植物枝条

我们一起做实验

❶ 将植物枝条插入墨水瓶中。
❷ 将瓶子放在阳光下，静置半个小时。

这时你会看到

枝条上的花变成了蓝色，连叶脉也变蓝了。

注意 ……

1. 墨水不要太满。
2. 花朵最好用浅色的，这样实验效果更明显。

噢~原来如此！

植物的枝条里面有一些小管道，这些管道叫作维管束，植物通过维管束把根部吸收的养料和水分传到身体的其他地方。蓝墨水就经过这些维管束到达了花瓣和叶脉上，所以花和叶脉变成了蓝色。

用下面的方法，能将花儿染成双色呢。我们就来试试看吧。

一瓶红墨水 / 一瓶蓝墨水 / 一枝带有叶子和花的植物枝条 / 一把小刀

我们一起做实验

❶ 用小刀将枝条从中间劈开。

❷ 将劈开的植物枝条分别插入红、蓝墨水瓶中。

❸ 将瓶子放在阳光下，静置半个小时。

这时你会看到 👀

枝条上的花朵一边变成了蓝色，另一边则变成了红色。

原因是什么？请你自己说说看吧：

048

隔着玻璃瓶吹蜡烛

过生日的时候，很多人都会选择吹蜡烛、许心愿的方式庆祝。把蜡烛吹熄并不难，但如果让你隔着玻璃瓶吹蜡烛，你能将它们吹灭吗？可能多数人会说肯定吹不灭，让我们一起来做个实验看一看吧。

你要准备

一根蜡烛 / 一只玻璃瓶 / 火柴

我们一起做实验

❶将蜡烛点燃。

❷将点燃的蜡烛放在准备好的玻璃瓶后。

❸在玻璃瓶前对着玻璃瓶用力吹气。

这时你会看到

玻璃瓶后的蜡烛被吹灭了。

注意……

一定要注意用火安全。

噢~原来如此！

对着瓶子吹气时，瓶子的后面会产生一个低压区域，而周围的空气流试图去平衡低压，这时火焰就会被产生的气流吹灭了。

想一想，做一做：

如果把玻璃瓶换成一块方形的玻璃，再重复上述的实验，又会发生什么呢？

在冷风刺骨的寒冬，人们为什么不躲到圆形的柱子后面去躲避风寒，而是选择到墙后或是大广告牌后去避风呢？请你想一想，并将原因写出来吧。

会"变脸"的气球

我们来做个有趣的实验，看看气球是怎么变脸的吧。

你要准备

一只空饮料瓶（最好是大号的）/ 两只气球 / 一把剪刀

我们一起做实验

❶ 将饮料瓶的底部剪掉。

❷ 用一只气球将饮料瓶的底部紧紧蒙住。

❸ 将另一只气球上先画上一张脸，然后放进饮料瓶中，并将气球嘴紧紧环绕住瓶口。

❹ 把底部的气球向下拉。

这时你会看到 👀

瓶内的气球变大了，当然脸的表情也会跟着变喽。

注意……

底部的气球一定要绷得紧紧的，否则效果不明显。

噢～原来如此！

由于两只气球已经把瓶内的空气相对封闭起来了，向下拉底部的气球时，瓶内空气体积变大，压力变小，而外界的大气压是不变的，于是气球就被大气压力"吹起来"了。

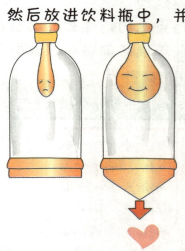

050

球儿"起飞"

桌面上放着一个乒乓球，你能不用手直接抓它，又使球离开桌面吗？

你要准备

一只广口玻璃瓶／一枚乒乓球

我们一起做实验

❶找一只广口玻璃瓶，把瓶口朝下罩住乒乓球。

❷使瓶子在桌面上飞速转动，球也就跟着在瓶内旋转。

这时你会看到

当旋转速度达到一定程度时，球会脱离桌面悬起来。只要你不停止转动瓶子，球也会继续在半空飞舞，不会落下。

注意⋯⋯

在做实验的时候，要有耐心，要不停地转动瓶子。

噢～原来如此！

此时球的重力还是存在的，不过这时小球主要是在离心力的控制下了。因为任何旋转的物体都受离心力作用，小球由于瓶壁的限制，所以无法脱离瓶子。

当你观察瓶子内飞转不停的小球时，你可以展开丰富的想象空间：事实上受离心力影响的事物实在太多了，如果没有太阳引力的作用，围绕太阳公转的地球岂不是早就远离太阳而飞入茫茫太空了。包括我们人类自身在内，无一不是受离心力作用的。

手帕的秘密

在水龙头下把手帕撑开摊平，打开水龙头，水是不是透过手帕而流下去呢？

一只玻璃杯／一条手帕／一条橡皮筋

我们一起做实验

① 把手帕盖在杯口，用橡皮筋绑紧。
② 让水冲在手帕上。
③ 约七八分钟后，关闭水龙头。
④ 杯口朝下，把杯子迅速倒转过来。

这时你会看到 👀

从杯子上面冲水时，水会透过手帕流入杯内。杯子倒转过来时，水不会流出来。

注意……

1.选择玻璃杯的时候，杯口的大小一定要适中，不能太大了，否则会影响效果。

2.杯子里的水也不能太满。

> **噢～原来如此！**
>
> 杯子倒转过来时，杯子里面的很多空间都被水所占据，所以外面的大气压要远远大于杯子里面的大气压，正是这个存在的巨大气压差，形成一种对手帕的推力，这样水就不会从杯子里面渗溢出来了。

想一想，做一做：

如果盖住杯口手帕的布料不同（例如：棉布或是麻布），水的进出情形又会怎样呢？

难度系数2

PART 2

内容的难度略有增加，但是操作同样非常简便、易行，继续吧，你会体会到更多动手、动脑做实验的乐趣，会让你的思路更加开阔。加油吧！

NICOLAUS COPERNICUS
THORUNENSIS
TERRAE MOTOR
SOLIS CAELIQUE STATOR

莫比乌斯带

把 3 个纸环从中间剪开，会出现 3 种不同的神奇效果，这也是魔术师经常表演的一个节目哦，你也来试一试吧。

三张长条纸带 / 一瓶胶水 / 一把剪刀

我们一起做实验

❶ 取出其中一条纸带，把两端粘起来，形成一个纸环。

❷ 取出另一条纸带，旋转半圈后，把两端粘起来，形成一个纸环。

❸ 取出最后一条纸带，旋转一整圈后，把两端粘起来，形成一个纸环。

❹ 用剪刀将三条纸带分别从中间剪开。

这时你会看到 👀

第一条纸带剪开后成了两个独立的纸环，第二条纸带剪开后成了一个更大的纸环，第三条纸带剪开后则成了两个套在一起的纸环。

注意……

使用剪刀要小心，不要伤到手。

噢~原来如此！

这是一个数学魔术，是由德国数学家奥古斯特·费迪南德·莫比乌斯（August Ferdinand Möbius，1790—1868）发明的，美国魔术师哈里·布莱克斯通（Hary Blackstone）首次表演了这个节目，它实际上是利用了人们视觉上的错觉，如果你将纸带的两端涂成不同的颜色再仔细看一看，对其中的奥妙就更加一目了然了。

恐怖的"单眼脸"

大家都知道，人是长了两只眼睛的，我们平时照镜子的时候，看到的自己也是两只眼睛的.但是你知道吗，在某种情况下，我们只能看见自己的一只眼睛，知道这是为什么吗？让我们来做下面的这个实验吧。

一面镜子／一本书

我们一起做实验

语文

❶ 自己对着镜子，在鼻梁前放一本书，把左右两眼隔开。

❷ 盯着镜中的眼睛，不一会儿，一个奇怪的甚至令人恐怖的现象就出现了……

这时你会看到

镜中有一张奇怪的脸——单眼脸！脸上只有一只眼睛，而且长在脸的中间！

注意……

镜子要选大一些的，这样效果会更好，另外书的长度也要长一些。切记：要将两只眼睛隔开，这样才能出现"单眼脸"的效果。

噢～原来如此！

原来，人的双眼能接受两个映像，但到了大脑，两个映像就自然地重叠起来了。实验中，左右两眼的视野一隔开，两眼的视线就平行了，左眼只能看到左眼的映像，右眼只能看到右眼的映像，重叠在一起，就感觉到只有一只眼睛。

　　同样的道理，当我们拿一个圆筒看自己的手掌，手掌上甚至会出现一个神奇的圆洞呢！

你要准备

　　一张稍硬的纸 / 一瓶胶水

我们一起做实验

❶把纸的两端粘起来，形成一个纸筒。

❷用右眼从纸筒中观察。

❸举起左手，掌心面向自己，放在纸筒的另一边。

注意

　　1.如果你的家中正好有各种直的管子，就可以直接观察，不用再做纸筒了。

　　2.观察的时候，举起的手掌要离脸近一些，效果才会明显。

这时你会看到

　　左手的手掌中，好像有一个与纸筒直径一样大的圆洞。

原因是什么？请你自己说说看吧：

"分分合合"的气球

两只气球什么情况下会相互吸引，什么情况下会相互排斥？

你要准备

两只气球／一根线绳／一张硬纸板

我们一起做实验

① 将两只气球分别吹好气，并将吹气口扎好系紧。

② 用线将两只气球连接起来。

③ 用气球在头发（或者羊毛衫）上摩擦。

④ 将连接两只气球的线从中间提起，观察所发生的现象。

⑤ 将硬纸板隔在两只气球的中间，观察所发生的现象。

这时你会看到 👀

当提起线绳的中间时，两只气球立刻分开了。将硬纸板放在两只气球之间时，气球上的静电又使它们被吸引到纸板上。

注意……

在毛料衣服上摩擦气球的时候，不要太用力，以免将气球弄破。

噢～原来如此！

当气球经过摩擦以后，会产生相同的电荷，所以当它们被提起来时，由于同种电荷相斥，它们便会"自行分开"。而当插入纸板后，由于纸板所带的电荷与气球相反，两只气球便被吸引到纸板上了。

吸星大法

听了这个名字，你一定很感兴趣，到底什么是吸星大法呢？下面我们来看看这个实验吧。

你要准备

一只气球／一件毛衣／一张轻薄的纸片

我们一起做实验

❶ 气球吹好，吹口处打结避免漏气。

❷ 手拿气球，用毛衣反复摩擦气球的一面约50下，没有毛衣的话，头发也可以代替啊，拿气球在自己干燥的头发上摩擦几遍。

❸ 把纸剪成小星星的形状，堆成一堆。

❹ 手持气球，将刚才摩擦过的那一面靠近小星星。

这时你会看到
一颗颗"小星星"被吸起来了！

注意……

要把纸尽量剪得细碎一些，这样效果会更明显，如果有彩色的纸，效果就更好了。

噢～原来如此！

所有的东西都带有正电和负电，但大多数东西所带的正负电一样多，互相抵消，所以我们感觉不到电的存在。两样东西相互摩擦后，其中一样东西的负电就会跑到另一样东西上。结果正电比负电多的东西，变成带正电；负电比正电多的东西，便带了负电。带电体能吸引轻小物体，所以小星星就被吸起来了。

举一反三

药丸也会"着魔"哦，这很有趣吧。让我们看看具体应该怎么做。

你要准备

未开封的喉症丸一瓶

我们一起做实验

❶ 花几角钱，到药房买一瓶用塑料管装的"喉症丸"，不要启封。

❷ 用右手的大拇指和中指捏住管的两端，摇动塑料管 6~8 次，然后竖起管子（仍用食指和拇指捏着塑料管）。

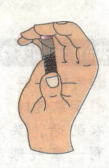

这时你会看到

　　管内的小药丸都像"着了魔"似的，有的贴壁挂着，有的粘在管顶，有的凌空悬浮。用左手从上到下慢慢抚摸管壁，又可见小药丸纷纷落下，重新集聚在管的下部。

注意

　　除了这种药丸，也可以换成其他药丸，只要外侧是很好的绝缘体就可以。

原因是什么？请你自己说说看吧：

能够吸引硬币的梳子

梳子除了能够梳头，还能够把硬币吸起来，你知道这是怎么回事吗？让我们来做这个实验吧！

你要准备

一把梳子／一枚硬币

我们一起做实验

① 把一枚一角硬币竖立在平整的玻璃板上。
② 拿一把塑料梳子在干燥的头发上梳理几下。
③ 将带电的梳子凑近竖立硬币的侧面。

这时你会看到 👀
　　硬币会被梳子吸引而倒下。

……
　　一定要把硬币竖立放着，这样效果会更好。

噢～原来如此！

　　把塑料梳子在干燥的头发上梳理几下后，梳子上就带有大量负电荷。因为硬币是导体（铝合金），当带电梳子靠近时，硬币受到静电感应而带上正电荷，而且异种电荷会互相吸引，所以硬币就被梳子吸倒下了。

想一想，做一做：

　　在我们的身边，关于静电的实验可以开发很多，请你动脑想一想，并自己动手试试看吧。

拣盐粒

要是让你把掺和在一起的粗盐粒和胡椒粉区分开来，你会有哪些好方法呢？现在，我来告诉你一个方法，比比看，谁的方法更好。

一把塑料汤勺／一勺粗盐／半勺胡椒粉／一条毛巾

我们一起做实验

① 把盐和胡椒粉掺和在一起。

② 用塑料汤勺在毛巾上摩擦两分钟。

③ 拿着汤勺慢慢靠近盐和胡椒粉。

这时你会看到

胡椒粉全都"跳"起来吸附在汤勺上，胡椒粉和粗盐很快就分开了。

噢～原来如此！

塑料汤勺经过摩擦后带有静电，产生了吸引力。当你拿着它接近胡椒粉和粗盐时，胡椒粉比较轻，所以就被吸起来了。

注意……

不要把汤勺放得太低，否则盐粒可能也会被吸附起来。

水中取钉

　　如果你的同学给你出一道智力题：能不能从一杯水中取出铁钉。条件是不准把水倒掉，手也不准伸入水中。你知道该怎么办吗？下面的这个实验就教你具体怎么"智取铁钉"。

你要准备

一只玻璃杯 / 水 / 一根铁钉 / 一块磁铁

我们一起做实验

① 在玻璃杯中注入水。

② 将铁钉投入装有水的玻璃杯中。

③ 将磁铁紧贴杯底，逐渐向杯口移动。

这时你会看到

铁钉自动地被磁铁吸上来了。

噢～原来如此！

　　因为实验用的水杯是玻璃制品，磁力线可以轻易地穿透玻璃吸住铁钉。

注意……

　　只能选择玻璃杯而非铁质搪瓷杯盛水来做这个实验，因为那些铁质搪瓷杯罐壁的主要成分是铁，外界的磁力线很难将其穿透而吸住铁钉。

用磁铁钓鱼是一件很有趣的事。先做一个钓鱼竿和一些鱼，然后用它来演示磁铁是怎样吸引一些物体的。如果你做两根钓鱼竿，就可以和朋友进行比赛，看谁钓的鱼多。

你要准备

一块磁铁／一根细木棍／纸／一些回形针／一把剪刀／一个装有水的盆

我们一起做实验

❶在纸上画出鱼的形状，然后用剪刀把它剪下来。

❷把回形针别到每条鱼上。

❸轻轻地将鱼放到水盆里，小心地让这些鱼都浮在水面，如果鱼沉下去也没关系。

❹把细绳的一端系到磁铁上，要系结实。

❺把细绳的另一端系到木棍上，并用胶带粘住，以免绳子在棍子上打滑，这样磁性钓鱼竿就做好了。

064

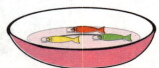

这时你会看到 👀

拿着钓鱼竿到水盆边，把它慢慢地放到水面上，磁铁就顺利地把"鱼"一条条钓上来了。

噢~原来如此！

这里也是充分利用了磁铁的磁性，铁制的回形针被吸到磁铁上。磁铁也可以进入水中，因此你也可以钓到沉到盆底的鱼。

注意……

磁铁不要选择太大的，这样在系绳子的时候会很不方便，也不容易操作。

吹气变魔术

吹一口气就能让水变色，这是魔术师才能做到的事。其实这一点都不难，看看下面这个实验，你也可以成为魔术师呢！

你要准备

两只玻璃杯 / 少许石灰 / 一根吸管 / 水

我们一起做实验

❶ 取一些石灰放进玻璃杯中，搅拌。

❷ 静置 5 分钟，等石灰沉淀后，将沉淀物上方无色透明的液体倒入另一只玻璃杯中。

❸ 用吸管向杯中无色透明的液体吹气。

这时你会看到 👀

无色透明的液体变浑浊了，当你再接着吹气，液体又从浑浊变成无色透明的。

注意……

1.在实验过程中要注意安全，别让石灰碰到眼睛。

2.你也可以在家里制取澄清石灰水。有些食品干燥剂的主要成分为生石灰，如波力海苔中的"强力干燥剂"。取一只玻璃杯，加入约半杯水，再加入一包"强力干燥剂"，用筷子搅拌，静置。注意观察生石灰与水反应时的放热现象。

噢~原来如此！

水的一系列变化都是一连串的化学反应引起的。你往杯子里吹气实际上是吹入了一些二氧化碳，杯子中无色透明的液体是石灰水，石灰水遇上二氧化碳会发生化学反应，形成碳酸钙。碳酸钙是很小的颗粒，在短时间内不容易沉淀，会悬浮在水中，所以我们看到液体变浑浊了。当我们继续吹气的时候，杯中的碳酸钙又会和二氧化碳发生化学反应，形成碳酸氢钙，碳酸氢钙是溶于水的，所以液体又变成无色透明的了。

烧不坏的手帕

大家都知道，手帕一接近火，马上就会被烧坏。如果我告诉你，经过一些处理，就算手帕被火烧着了，最后也能完好无损，你想知道我是怎么办到的吗？

你要准备

一条手帕／一只玻璃杯／一根铁丝／一盒火柴／酒精／水

066

我们一起做实验

① 将两份酒精和一份水兑在一起，混合均匀。

② 将手帕放到水和酒精的混合液里浸湿。

③ 将手帕拿出来，稍微拧一下水，然后挂在铁丝上。

④ 用火柴将手帕点燃。

注意……

1. 手帕不要拧得太干了，否则会影响实验结果。

2. 在点燃手帕时，要注意用火安全，最好在老师或家长的监督下进行。

这时你会看到 👀

等火熄灭以后，手帕居然完好无损！

噢～原来如此！

酒精的燃点很低，手帕很快地开始燃烧，其实是酒精在燃烧。酒精很容易从手绢中挥发出来烧掉，一部分水仍然留在手帕上，保护着手帕。同时，在酒精燃烧的过程中，有一部分水变成水蒸气挥发了，带走了手帕上的一部分热量，从而降低了手帕表面的温度，在这种条件下，手帕当然完好无损了。

想一想，做一做：

你还有什么方法能达到同样的效果吗？请你想一想，并且亲自动手试试看吧。

烫不坏的手帕

大家都知道，用烟头在手帕上触一下，手帕就会被烧出一个洞。但是经过一些特殊处理，手帕就"不怕"烧了。你知道这是怎么做的吗？

一条手帕／两枚一元的硬币／一根烟／一盒火

我们一起做实验

❶把硬币叠起来，用手帕包紧。

❷把烟点燃。

❸用点燃的烟头去触手帕包有硬币的部分。

这时你会看到 👀

被烟头触过后，手帕居然完好无损。

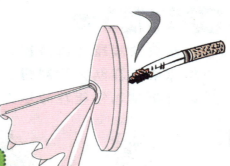

 注意······

手帕必须紧紧地裹住硬币。同时，烟头与手帕接触的时间不能太长，否则手帕依然会被烧坏。

噢～原来如此！

硬币是由金属制成的，它们具有很好的导热性能。烟头接触手帕后，它的热量被硬币很快地分散，手帕实际上承受的热量并不多，所以手帕没有被烧坏。

想一想，做一做：

如果把硬币换成铁棒或是其他导热比较快的物体成不成呢？请你想一想，并且亲自动手试试看吧。

切不碎的冰块

如果我告诉你，可以让冰块怎么也切不碎，你相信吗？

你手准备

一块长方形的冰块／两只饮料罐／一根铁丝

我们一起做实验

❶ 将两只饮料罐并排放置，中间隔一段距离。
❷ 将冰块架在两只饮料罐上。
❸ 两只手拿着铁丝在冰块上来回锯动。

这时你会看到

铁丝从冰块间穿了过去，冰块似乎被切开了。但是拿起冰块仔细观察，冰块完好如初，没有被锯过的痕迹。

噢～原来如此！

我们拿起铁丝在冰块上快速的摩擦时，铁丝跟冰块间就产生了摩擦力。这种摩擦所产生的热量，使冰块在被铁丝摩擦过的地方都化成了水，但是当铁丝经过后，摩擦力不在了，温度降低，化成水的地方又结成了冰。所以铁丝就算穿过了冰块，冰块还是没有被切碎。

注意

拿着铁丝锯冰块的动作要快，使得铁丝跟冰块的摩擦比较大。

想一想，做一做：

如果把铁丝换成结实的粗线或是其他物体成不成呢？请你想一想，并且亲自动手试试看吧。

举一反三

冰棒在自然的状态下不会冻在一起，但是经过一些措施后，会帮助它们冻结在一起，想知道这个办法是什么吗？让我们来尝试一下吧。

你要准备

两块冰棒

我们一起做实验

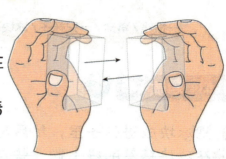

❶用双手使劲让两块冰棒合在一起，看看有什么现象。

❷当你松开手撤去压力后，看看有什么现象。

这时你会看到

用双手使劲让两块冰棒合在一起，不一会儿，在两块冰棒之间就有少量冰开始融化。当你松开手撤去压力后，融化了的冰就会重新冻结，将两块冰棒粘在一起。

注意

可以在冰块下面放一个容器，以免弄脏屋子。

噢～原来如此！

原来这是由于我们的双手在压挤冰棒时，对冰棒产生了一个压力，这个压力使冰棒部分融化。松开手之后，压力消失了，两块冰棒之间又结了冰，把它们又粘在一起了，这说明了压力能使冰融化的科学道理。

你在冬季里观察一下滑冰时出现的现象，就会发现，原来滑冰人实际上是在水上滑动的。因为冰刀对冰的压力已经使坚冰融化了一部分，为滑冰的人提供了一层有润滑作用的水。当滑冰者滑走以后，压力消失了，如果当时气温在冰点以下，水又会立即重新冻结成冰。

用线"钓冰"

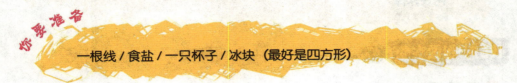

大家都知道用钓鱼竿是能钓鱼的，可是你们听说过用线"钓冰"吗？很惊讶吧，下面的实验让你也可以做到的。

你要准备

一根线 / 食盐 / 一只杯子 / 冰块（最好是四方形）

我们一起做实验

❶ 把冰块放进杯子里，然后将线的一端搭在冰块上。

❷ 在冰块搭着的线上撒一些食盐。

❸ 等 10~20 秒后小心地提起线。

这时你会看到

冰块随线被提上来。

注意……

1.这个实验最好在低于 0℃的温度下进行，比如冬天的室外或是冰箱的冷冻室中。

2.食盐一定要撒在冰块上搭着线的位置。

噢~原来如此！

因为将食盐放在冰上时，冰在低于 0℃的温度下也能被融化。所以，把食盐撒在冰块上时，结冰点就会更低，在 0℃下结冰的冰块便开始融化。

也就是说，撒有食盐的部分，冰被融化变成小水窝，将线埋于其中。但是，随着冰块的融化，盐的浓度逐渐下降，使水的凝固点重新被提高而结冰，于是线就被冻到冰块里面了。

会"上坡"的圆盒子

圆盒子不只会下坡，它还会上坡呢！你相信吗？一起来看看吧！

一只有盖的圆盒子／一块小石子／一点黏土／一些能做成斜坡的硬纸壳

我们一起做实验

❶ 用黏土将小石子固定在圆盒子内部，并盖上盒盖。

❷ 在盒子外面，在黏有石子的位置用笔做个标记。

❸ 用事先准备好的硬纸壳自制一个斜坡。

❹ 将盒子放在斜坡底部，有标记的位置一定要略靠前放，放手。

071

这时你会看到 👀
圆盒子竟然会沿着斜坡向上滚动。

注意……

1.在这个实验中，如果你手边没有黏土，也可以用胶带或橡皮泥将石子固定。

2.石子的大小及斜坡的坡度要适当，你可以选择几个不同大小的石子逐个试试看，并用你事先准备好的硬纸壳调整一下斜坡的高度。

噢～原来如此！
圆盒子之所以能够沿坡而上，是因为其中那块小石子的作用。作用在小石子上的地心引力比拉圆盒下坡的地心引力要大，所以盒子才会向上滚。

节日里的"花纸雨"

在欢乐的节日里，总少不了缤纷的"花纸雨"装点我们的欢乐，让我们自己动手来轻松制作，体会一下节日的气氛吧！

你要准备

一根洗衣机上的排水管 / 一只大碗 / 大量彩色碎纸屑

我们一起做实验

❶ 将彩色碎纸屑放在准备好的大碗中。

❷ 将洗衣机上的排水管取出，一只手握住下端，放在大碗的上方；用另一只手握住排水管的中部靠上的位置。

❸ 握住排水管的中上方，并用力地持续甩动排水管。

这时你会看到

彩色的纸片从排水管的上方飘飞出来，非常好看。

注意……

1. 甩动时要稍用力一些，并要持续几分钟。

2. 实验完成后，要及时将环境清理干净。

3. 如果你的手边没有洗衣机的排水管，可以用其他软的长管代替，但直径要稍大些，这样实验效果会比较明显。

噢～原来如此！

当我们甩动排水管时，管内的气体被扰动，形成了上旋的气流，便将下部原本静止的碎纸屑吸上来了，就是我们所看到的美丽的"花纸雨"。

会 "跳舞" 的硬币

你想看硬币在汽水瓶上 "跳舞" 吗？照着下面这个小实验做就可以了。

一瓶冰镇的汽水 / 一枚一角的硬币 / 一只玻璃杯

我们一起做实验

❶ 将冰镇过的汽水瓶打开，把汽水全部倒入玻璃杯中。

❷ 往汽水瓶瓶口上滴几滴汽水。

❸ 将硬币平放在汽水瓶口上，静静等待。

这时你会看到 👀

硬币慢慢地翘了起来，然后在瓶口上忽高忽低地 "跳起舞" 来。

 ……

这个实验在夏天做效果最好，汽水要用冰镇的。

嗨～原来如此！　汽水是冰镇的，当我们打开它后，汽水瓶内的空气受热膨胀，其中一部分气体就会被挤出瓶子。被挤出瓶子的气体碰上了硬币，就把它给顶起来了。

但是，这股气体时强时弱，所以硬币就被顶得时高时低，在我们看来，就像硬币在跳舞一样。

洗涤剂的奥妙

油和水是很难融合在一起的，油总是会浮在水面上。怎样才能让它们混合在一起呢？其实很简单，洗涤剂就可以办到。我们来试试吧。

一只玻璃瓶／一瓶洗涤剂／一瓶植物油／少量水

我们一起做实验

❶往玻璃瓶中倒入半瓶清水，再倒入一些植物油，这时油跟水分成两层，油浮在水面上。

❷用手摇晃玻璃瓶，油和水会在短时间内混合在一起，将玻璃瓶静置一会儿，油跟水又分成两层。

❸往玻璃瓶中加入一些洗涤剂，再摇晃瓶子，然后将瓶子静置一会儿。

油 　　　　洗涤剂

这时你会看到 👀

油跟水不再分层了，而是混合在一起了。并且无论你将瓶子静置多久，油、水都是混合在一起的。

噢～原来如此！

洗涤剂有一个特殊的性质，可以把一个个小油滴包围起来，使得它们均匀地分散在水中，我们看起来水跟油就像混合在一起了。洗涤剂可以洗去油渍就是利用这个原理。

摇晃的时候要用力，这样实验效果会更好。

想一想，做一做：

除了洗涤剂，其他东西行不行呢？请你想一想，并且动手试试看吧！

074

大头针的体积去哪儿了？

在一只装满水的玻璃杯中放入大头针，你能放入 100 枚而不让水溢出来吗？

一只玻璃杯 / 一盒大头针 / 水

我们一起做实验

❶ 在玻璃杯中盛满水。

❷ 用手指捏住针头，使针尖先碰着水面，在不让水溅跳的情况下将大头针一枚一枚放入水中。

这时你会看到 👀

几十根大头针投入玻璃杯后，仍不见水溢出来，即使 100 枚、200 枚大头针投入玻璃杯，也不会有一滴水溢出来，只是水面会逐渐鼓起来一些。如果你有足够的耐心，请一枚枚放入，试试看，到第多少根大头针放入的时候，水才会溢出来。

注意 ······

1.放大头针时一定要用手指捏住针头，使针尖先碰着水面。

2.实验前千万别用洗洁精清洗玻璃杯，那样会破坏水的表面张力作用，导致实验失败。

噢~原来如此！

我们仔细观察，当足够多的大头针放入玻璃杯后，虽然没有水从玻璃杯中溢出来，但水表面已微微鼓起，原因是玻璃杯边缘常被手触摸，在表面会附着一些油脂，故而杯子边缘不易被水沾湿，加上水的表面张力，造成水面鼓起。

通常一枚大头针的体积非常小，约是 5.2 立方毫米，而一只内径约 70 毫米的玻璃杯中的水，即使水面平均鼓起 1 立方毫米（中央部分超过 1 毫米），那么这部分的体积就有 3846.5 立方毫米之多，约是一枚大头针体积的 740 倍。由此可知，一只内径约 70 毫米的玻璃杯中大约可以容纳 740 枚大头针！

糖到哪里去了？

　　如果在一个小杯子里放两杯白砂糖，你一定会直截了当地说："不可能！"但如果改变条件，在这个小杯子里先盛满水，再把这两小杯白砂糖一点一点地放进去，你说杯子里能装得下吗？

白砂糖／两只大小相等的杯子／水

我们一起做实验

❶ 把一只杯子装满水。

❷ 把另一只杯子里放入白砂糖。

❸ 将糖一边搅拌一边放入装满水的杯子里。

这时你会看到 👀

杯子很容易地装下了两杯白砂糖。

注意……

在往杯子里放糖的时候，要有耐心，要慢慢地放入。

噢～原来如此！

　　一只空杯子里放两杯糖是不可能的，这与把两杯糖溶解在一杯水里有本质上的不同。因为水是由水分子构成的，在它的结构中有许多眼睛看不见的"空洞"，空洞里可以容纳大量被溶解的分子和原子（不只是糖），溶解之后的糖分子与水分子排列得很紧凑，不会占很大的空间。这就是水能够溶解许多东西的原因之一。

　　上面实验中用的两杯糖，它的实际体积远比我们看到的小得多。据科学测算，一杯糖里大约只含有一杯饱和白糖水里五分之一的分子数目，而每12个水分子才有一个糖分子，所以两杯糖装在一杯水里就不是什么难事了。

想一想，做一做：

　　你还可以试一试，用冷水与用热水在实验效果上会不会有差别呢？另外，如果把糖换成盐或其他易溶于水的物品，是否也会出现同样的情况呢？请你想一想，并且自己动手试试看吧。

筷子提米

吃饭用的筷子又细又长，是不可能提起比较重的物体的。如果这里有一杯米，让你用筷子把它提起来，你知道该怎么办吗？

你要准备

一只塑料杯／一杯米／一根竹筷

我们一起做实验

❶ 将塑料杯中装满米。

❷ 用手将杯子里面的米使劲按按。

❸ 用手按住米，把筷子从指缝间插进米里。

❹ 用手轻轻提起筷子。

这时你会看到

杯子和米一起被筷子提起来了。

 注意

用手按米的时候，一定要尽量把米按紧。

噢～原来如此！

用手使劲按米粒后，杯内的米粒互相挤压，使杯内的部分空气被挤出去了。这时杯外的压强就比杯内大，就使得筷子和米粒紧紧结合在一起，所以就可以用筷子连杯带米一起提起来。

水制放大镜

　　大家应该都见过放大镜，芝麻那么小的东西透过放大镜也能看得很清楚。平常见到的放大镜大都是用玻璃制成的，现在我们用水也可以制成放大镜，一起来试试看吧。

你要准备

一只大碗 / 几颗彩色的珠子 / 一张保鲜膜 / 水

我们一起做实验

❶ 将彩色珠子放入碗中。
❷ 用保鲜膜把碗封住，用手轻轻把碗口上的保鲜膜向下按一些，使保鲜膜成倒锥形。
❸ 将水倒在保鲜膜上。
❹ 透过水看碗中的彩色珠子。

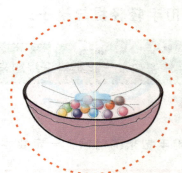

这时你会看到 👀
碗中的彩色珠子变大了好几倍。

注意······
　　把保鲜膜向下按的时候不要按得太深，适度就好，也小心不要把保鲜膜弄破。

噢～原来如此！
　　保鲜膜被按成了一个倒锥形，再往上倒水，就相当于一个凸透镜，而通过凸透镜看物体会比原有形态大很多。放大镜就是利用这个原理制成的。

举一反三

你能不能自己动手做一个固定的放大镜呢？想一想，做做看吧。

一只底部略小的碗／水／冰箱

我们一起做实验

❶ 将水放入碗中。

❷ 把盛有水的碗放进冰箱的冷冻室中。

❸ 碗中的水冻成冰后，从冷冻室中取出。

❹ 将碗底向上，放在水龙头下冲，只需一会儿，碗里的冰就自动从碗里掉出来了。

❺ 拿着这块冰去观察你身边的物体。

这时你会看到 👀

透过这块冰块，你身边的物体都放大了。

注意

不要让冰块太厚，否则会影响观察。

原因是什么？请你自己说说看吧：

神奇的墨水

神奇的空无一字的白纸，只要用火一烤，就会有字形图案显现出来，这可不是间谍片哦！你也可以的，你知道这是怎么办到的吗？

你要准备

一支毛笔／一杯糖水／一支蜡烛／一张白纸

我们一起做实验

❶ 用毛笔蘸着糖水在纸上写字。

❷ 把纸晾干后，糖水字都消失了。

❸ 用蜡烛稍微把纸烤一下。

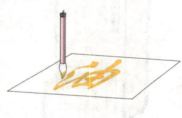

这时你会看到 👀

刚才你所写的字又显现出来，是浅褐色的。

注意……

1.糖水的浓度要稍高一些，实验才会更明显。

2.用蜡烛烤纸的时候，要小心别把纸烧着了。

噢~原来如此！

用糖水写在纸上的字，因为被火烤过后，糖分会脱水，便呈浅褐色，字就显出来了。

想一想，做一做：

如果用其他无色溶液，如盐水等，是否也会有这种效果呢？请你想一想，并且自己动手试试看吧。

自动旋转的口袋

装满水的塑料口袋会自动旋转，你知道这是为什么吗？

一个塑料口袋 / 一根大约长 80 厘米的绳子 / 一把剪刀 / 水

我们一起做实验

❶在塑料袋下端的两个角落处各剪一个洞。

❷将绳子的两端分别系在塑料袋上端，然后在绳子中间打结，使绳子合为一股。

❸将塑料袋放入盆中装满水，提起袋子。

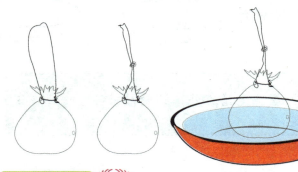

这时你会看到

塑料袋边喷水边飞快地转动。

噢～原来如此！

当水从塑料袋底部的孔中喷出来的时候，会对塑料袋施一个反作用力，塑料袋就是在这个反作用力下转动的。

注意……

1.在塑料袋上剪的洞不要太大，黄豆大小就可以了。

2.这个实验最好在厨房、浴室或室外进行，以免流出的水将周围环境弄脏。

冲不走的乒乓球

乒乓球很轻，一阵风就能吹动。如果我告诉你，把乒乓球放在自来水龙头下面用水冲，无论如何都冲不走它，你知道这是怎么办到的吗？

你要准备

一个乒乓球／一个脸盆

我们一起做实验

❶往盆里倒入半盆水，然后放在水龙头下面。

❷把水龙头打开，把乒乓球放入水流的落点处。

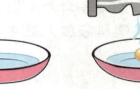

这时你会看到 👀

乒乓球被牢牢"禁固"在那个落点处，好像被吸住了一样，无论水开得多大，都不会把它冲走。

注意……

乒乓球放置的位置一定要是水流的落点处，否则实验不容易成功。

噢~原来如此！

贴近乒乓球的水流速度大、压强小；而乒乓球外层的水流速度小、压强大，而且四周的压力基本相等，所以它只能在那个落点处不断翻滚，却不会被冲出来，除非关闭水龙头。

巧落火柴盒

　　让一只装有火柴的火柴盒直立着从距桌面约 30 厘米高处自由落下，火柴盒落到桌面后总是向一边倾倒而无法保持直立状态，让人感到这似乎是一个无法改变的事实。真的没有办法了吗？

装有火柴的火柴盒 / 桌子

我们一起做实验

　　把火柴盒的内盒抽出一半左右，再让它竖直下落。

这时你会看到

　　火柴盒几乎每次都能在桌面上直立站稳。

 注意……

　　为了使内盒能顺利缩回盒内，火柴不宜装得太满。

噢～原来如此！

　　这是由于内盒抽出二分之一后，火柴盒的重心提高了；而当它落到桌面上时，由于火柴杆重量的作用内盒又迅速缩回盒内，重心随之下降。这一过程延长了火柴盒和桌面发生碰撞的时间，减小了桌面对它的作用力，和未抽出内盒时相比，火柴盒的稳定程度明显提高了，所以就不会翻倒。

"抓住"空气

空气本来是摸不着看不见的，但是通过下面的实验，我们却可以"抓到"空气，神奇吧？快点动手做做看吧！

你要准备

水／一只玻璃杯／比玻璃杯高的盆

我们一起做实验

① 用盆装大半盆水，放在桌子上。

② 找来一个干净的玻璃杯，放在一边。

③ 将杯子垂直地倒扣到水中。

④ 一直将杯子放入到盆子的底部，看看有什么现象发生。

这时你会看到

当在水中放入杯子的时候，不断会有气泡冒出，当杯子里装满了水的时候，就不再有气泡冒出来了。

 注意……

在将杯子放入水中的时候，一定要注意，要将杯子一直按到盆子的底部。

噢～原来如此！

杯子里的空气被挤压后又变成了气泡从水里冒出来，所以才会出现刚才的现象。

可以变色的墨水

大家应该知道墨水粘在衣服上很难洗掉。但是现在居然有一种很简单的方法就可以把墨水变成无色的噢！我们来看看吧。

你要准备

一杯清水 / 一瓶墨水 / 少许食盐 / 过滤纸

我们一起做实验

❶ 往清水中滴入一两滴墨水，这时水变成了黑色。

❷ 再往杯中倒入一些食盐，稍微搅拌一下，再放置几秒钟。

❸ 用滤纸过滤杯中的水，反复过滤几次。

这时你会看到
杯中的水由黑色变成基本无色的了。

注意……

1.过滤纸可以用几张面巾纸叠在一起来代替。

2.过滤的时候，多过滤几次，这样实验效果会更好。

噢~原来如此！

食盐融入水中后变成肉眼看不见的小颗粒，这种小颗粒可以吸附水中墨水的染料。当我们过滤杯中的水时，被小颗粒吸附住的染料就留在了过滤纸上。染料没了，水自然也就没有颜色了。

种子发芽需要阳光吗?

种子发芽需要水分、空气等条件,那么种子发芽需不需要阳光呢?我们做以下这个实验就会知道答案了。

你要准备

两只杯子 / 一些菜豆种子 / 一个黑色盒子 / 水

我们一起做实验

① 往两只杯子中各倒入一些菜豆种子。

② 再往杯中加适量的水,不要使菜豆种子全部淹没。

③ 把其中一只杯子放在阳台上,另一只杯子用黑色盒子罩起来。

这时你会看到 👀

最后两只杯子里的菜豆种子都发芽了。

注意 ……

1.水一定要适量,不能把种子全部淹没,在实验过程中一定要保证种子能够接触到空气。

2.如果没有黑盒子的话,也可以自己动手制作一个,把任意颜色的纸盒涂上黑色的颜料就行了。

噢~原来如此!

原来种子发芽和阳光没有多大的关系。种子发芽时所需要的营养全部来自种子内部储存的营养,不需要通过光合作用来获取养料,所以被埋入地下的种子依然会发芽。当然,有些种子在没有阳光的情况下,发育得会差一些。

变绿的黄豆芽

黄豆芽大家应该都见过，金黄色的豆芽特别惹人喜爱。如果我告诉你，可以通过一种方法把黄色的豆芽变成绿色的。你知道这是怎么办到的吗？

两个碟子／一块布／几十根黄豆芽

我们一起做实验

❶把黄豆芽分成两部分，分别用两个碟子装好。

❷把一个碟子用布遮好，不见阳光；另一个碟子用布遮盖，放在阳光充足的地方。

❸把这两个碟子照这样放置两天。

这时你会看到 👀

在阳光照射下的那碟豆芽变绿了，另一碟仍然是金黄色。

注意……

用布遮盖的时候一定要遮盖严实，否则可能会影响实验效果。

噢～原来如此！

植物体内含有叶绿素、叶黄素等色素，哪种色素占优势，植物就呈现相应的颜色。受阳光照射后，豆芽体内产生大量的叶绿素，因此豆芽变成了绿色。而被布遮起来的豆芽体内叶黄素仍然占优势，因此还是金黄色的。

不吃糖的熟土豆

看了这个题目就觉得很新鲜吧，熟土豆不吃糖，难道生土豆会吃糖吗？

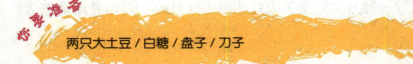

你要准备

两只大土豆 / 白糖 / 盘子 / 刀子

我们一起做实验

❶拿两只大土豆，把其中一只放在水里煮几分钟。

❷然后把两只土豆的顶部和底部都削去一片，在顶部中间各挖一个洞，在每个洞里放进一些白糖，然后把它们直立在有水的盘子里。

这时你会看到 👀

经过几个小时以后，生土豆的洞里充满了水，而熟土豆的洞里仍然是白糖颗粒。

注意……

在用刀子挖土豆的时候，一定要注意安全。

噢～原来如此！

　　生土豆的细胞是活的，它好像一个孔道，能够使水分子通过。盘里的水经过土豆壁渗入洞中，而煮过的土豆细胞已被破坏，所以没有渗透功能。

　　请你尝尝放生土豆盘子里的水，有甜味吗？没有。为什么生土豆里的糖水没进到盘子里？秘密在土豆的细胞膜上，土豆的细胞膜好像筛子一样，只允许小于筛子孔的颗粒通过，大于筛子孔的颗粒就过不去了。白糖的分子比较大，通不过细胞膜，所以盘里的水就不甜。

　　懂得了这个道理，你再给花草树木施肥时，千万不要用太浓的肥料水，否则植物体里的水就会倒流到土壤里，使植物打蔫甚至枯死。

鸡蛋壳去哪了?

你知道用我们很常见的鸡蛋壳也是可以变魔术的吗？通过下面的实验我们就可以学一些本领了。

你要准备

一只玻璃杯／鸡蛋壳／醋精／蘸有澄清石灰水的玻璃片

我们一起做实验

❶取一只小玻璃杯，放入洗净的碎鸡蛋壳。

❷然后加入一些醋精（主要成分是醋酸），立即用蘸有澄清石灰水的玻璃片盖住。仔细观察有什么现象发生。

这时你会看到 👀
鸡蛋皮慢慢地变软了。

注意……

1.可以在家里制取澄清石灰水。有些食品干燥剂的主要成分为生石灰，如波力海苔中的"强力干燥剂"。取一只玻璃杯，加入约半杯水，再加入一包"强力干燥剂"，用筷子搅拌、静置。注意观察生石灰与水反应时的放热现象。

2.家里没有玻璃片时可用小镜子代替。

噢～原来如此！

原来鸡蛋壳中含有丰富的碳酸钙，遇酸会发生反应，使鸡壳变软。

食盐和鲜花是好朋友

食盐和鲜花是好朋友，因为食盐能延长鲜花的保鲜期哦！我们一起动手来设计这个实验吧。

四只玻璃杯 / 水 / 盐 / 四支康乃馨

我们一起做实验

❶ 分别往四只玻璃杯里注入大半杯自来水，水量要尽量相同。

❷ 然后在第一只杯子里放 1 勺食盐，第二只杯子里放 2 勺食盐，第三只杯子里放 3 勺食盐。

❸ 在每只杯子里插上 1 支大小差不多的康乃馨。

白水　　1勺食盐　　2勺食盐　　3勺食盐

这时你会看到 👀

它们都能逐渐绽放花蕾，并逐渐枯萎凋谢。开花时期，养在食盐溶液里的三杯鲜花比养在清水里的花朵要鲜艳得多；放食盐的三杯溶液，到实验结束时用肉眼看，会发现水还没有变质。

噢~原来如此！

这个实验告诉我们：在清水里放入少许食盐，可以使鲜花开得更鲜艳些，也能活得更持久，并能有效地防止水中细菌滋生。

 注意……

除了康乃馨，我们也可以选择其他鲜花。

举一反三

花儿不仅和食盐是好朋友，它还有很多好朋友呢！醋是生活中常用的调味品，但是你知道吗？不光是人爱吃醋，就连作为植物的鲜花也爱"吃醋"，神奇吧？让我们用实验来证明一下吧！

你要准备

四盆长势相同的花 / 食用白醋 / 水 / 喷雾器

我们一起做实验

❶ 我们将长势相同的花分别编号、贴上标签。

❷ 我们取食用白醋配制成三种浓度不同的溶液，每天分别给三盆花固定喷洒一种浓度醋液，第四盆花洒不含醋的清水。每五天观察记录花卉的生长情况。

低浓度　中浓度　高浓度　清水

这时你会看到

喷洒低浓度醋液对这几种花卉没有明显影响；喷洒中等浓度醋液的花卉明显长得比其他几盆好，花苞多，开花期提前，而且花色较浓艳，花期也延长了；喷洒高浓度醋液后，反而会使花朵过早凋谢。

注意

在选择鲜花的时候，可以根据周围的实际情况而定，花的品种可以随意选择，但长势要基本相同，这样才便于观察。

想一想，做一做：

除了盐和醋之外，还有哪些物质是花儿的"好朋友"呢？请你想一想，并且自己动手试试看吧。

自己变色的叶子

同学们都见过各种颜色的树叶，可是你见过白色的树叶吗？

你要准备

一只汤锅／一只玻璃杯／水／酒精／若干绿叶／燃气炉

我们一起做实验

❶ 在汤锅和玻璃杯中各倒入少量清水。

❷ 将两片绿叶放入玻璃杯中，再将玻璃杯置于汤锅内，打开燃气炉进行加热。

❸ 加热一会儿后，绿叶没有什么变化，取出绿叶。

❹ 倒掉玻璃杯里的水，换为酒精，再加热。

清水

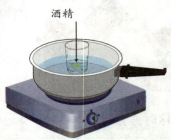

酒精

这时你会看到

换上酒精加热一会儿后，碧绿的叶片变成了白色，而酒精却成了绿色。

注意……

要正确使用酒精和燃气炉，最好在老师或家长的指导下进行实验。

噢～原来如此！

这是因为叶子中含有叶绿素，叶绿素不溶于水，所以把叶片放在水中加热，绿叶没有什么变化。但叶绿素溶于酒精，所以把绿叶放入酒精中加热，叶绿素便从绿叶中"跑"出来，而使无色的酒精变成了绿色。

"流泪"的苹果

苹果是大家都喜欢吃的水果，但是你知道吗？苹果也是会"哭"的！

你要准备

一个苹果／一把刀／白砂糖（或食盐）／盆子

我们一起做实验

❶把苹果上端的果皮削去，用刀挖成一个倒圆锥形的洞窝，使圆锥状洞窝的尖端开口，恰好位于苹果的另一端。

❷按大口朝上小口向下的方向悬放苹果。注意观察苹果底部开口处，半天也不见有水分流出。

❸这时，把白砂糖（或食盐等）均匀洒在洞窝里面，看看有什么现象。

糖

这时你会看到

马上就会看到锥面上神奇地出现了水分。水分渐渐汇聚于底，"塞"满开口。20分钟左右，一颗晶莹透亮的水珠自然滴落下来。此后，水分便不断地渗出、流淌、滴下。

嗳～原来如此！

你知道白砂糖为何能"引"水吗？苹果洞窝里面有少许水分，将糖洒到上面，白砂糖溶化后，形成了一层高浓度的溶液。因为苹果细胞液的浓度较低，于是水分就从低浓度的苹果细胞液里渗透到外面的白砂糖溶液里，然后汇聚成"水流"。

注意……

在用刀子挖苹果的时候要注意安全，不要把手弄伤。

面包霉菌

　　大家都见过发霉的面包，那你知道面包为什么会发霉吗？面包上面的霉到底是什么呢？大家或许还不知道，这种物质还有其积极的意义呢！

你要准备

一只玻璃瓶／锡箔纸／金属线／水／一块面包／放大镜（或显微镜）

我们一起做实验

❶将面包挂在金属线上，放进玻璃瓶。

❷然后，在瓶内放一些水，这样可使面包受潮，但不能让水浸及面包。

094

❸瓶子口用锡箔纸盖好，使瓶子里面保持潮湿。

这时你会看到 👀

　　几天后，面包上长出了霉菌。将生长出的霉放在显微镜或放大镜下观察，注意它们有趣的形状。

噢～原来如此！

　　真菌孢子（包括霉菌孢子）存在于空气之中，它们掉在面包片上，当条件成熟时，就成长为霉菌。长出一层霉菌，大约需要几天时间。霉菌有几种颜色，有一种蓝绿色的叫做青霉菌，从这种菌中可提取用于消除炎症的青霉素（盘尼西林）。

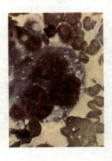

遥控纽扣

我们可以遥控电视，因为我们有遥控器，但是你知道该怎么遥控纽扣吗？

一粒衬衫纽扣／一只玻璃杯／碳氨溶液（化工商店有售）

我们一起做实验

❶用温水与碳氨溶液配制成一杯无色透明的液体。

❷取一粒衬衫纽扣，放入杯中，纽扣沉到了玻璃杯底。两三分钟后看看有什么现象发生。

这时你会看到 👀

2～3分钟后，纽扣开始在水中自动地上下浮沉。

 注意……

这个有趣的魔术表演你也能做。只是事先你得观察一段时间，看看纽扣从沉到浮大约有多长的时间间隔，浮上液面后它又能待多长时间，以便恰到好处地发出"上来"和"下去"的命令。

噢～原来如此！ 玻璃杯中装的由温水和碳氨溶液配制的无色溶液中溶解着大量的二氧化碳。当纽扣沉到杯底后，溶液中的二氧化碳小气泡就附着在纽扣上，并且越积越多，使纽扣受到的浮力逐渐增大。一旦所受的浮力大于本身的重量，纽扣就浮了上来。纽扣浮上液面后，气泡消失，它便又沉入杯底。如此反复沉浮，直到溶液中的二氧化碳耗尽为止。

有趣的花盆冰箱

你能不能用花盆做一个冰箱，在热天里保存冷饮？其实很简单，就让我们来试试看吧。

一只大的盘子 / 一只花盆 / 一瓶冷水 / 一瓶温的饮料

我们一起做实验

❶将饮料瓶放在盘子里。

❷用花盆盖住饮料，并往花盆上面浇水。

❸将盘子和花盆放在阳光下，静置约一个小时。

❹从花盆下取出饮料。

这时你会看到

原本温的饮料变得清凉可口。

注意……

盘子中始终要保持有足够的水。

噢～原来如此！

这是因为：湿花盆以及盘子中的水在阳光下，都会吸热蒸发，在蒸发过程中就会带走一部分热量，于是花盆会变得更凉，从而冷却了饮料。

吸管穿土豆

同学们，你能用一根塑料管在一瞬间穿过土豆吗？这不是神话，而是巧妙地利用了科学原理实现的，你不妨尝试一下。

你要准备

一根直径 2.5~3 毫米、长约 150 毫米的塑料吸管或质地硬一点的乳酸饮料吸管 / 一个直径 30~40 毫米的土豆。

我们一起做实验

❶ 首先将塑料吸管按右图剪成斜口，左手手心握住塑料管，大拇指按住吸管的平口处。

❷ 右手用拇指和食指紧紧地拿住土豆，左手的塑料管垂直于土豆表面，从离土豆 30~40 厘米处用力刺向土豆。

这时你会看到
吸管轻而易举地穿过了土豆。

注意……

1. 尝试时要注意安全！

2. 开始时可用冬瓜或其他瓜果类代替土豆进行。

噢～原来如此！
当塑料吸管一端被大拇指封住，瞬间刺入土豆时，由于速度很快，再加上塑料吸管内部体积随着吸管的突然刺入而瞬间变小，空气压力突然增大，导致塑料吸管整体的钢性突然加强，就会不可思议地穿过土豆。

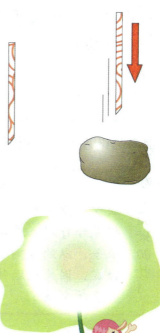

能"祈福"的花

对于上面"写"着"福""寿"等字样的祈福水果，我们一定不陌生，那是怎样做到的，你知道吗？下面就让我们来做个实验看看吧。

一盆大叶植物／一枚曲别针／一张稍厚的纸片／一把剪刀

我们一起做实验

❶ 用剪刀将纸片剪成你想要的形状或字样。
❷ 用曲别针将剪好的形状或字样固定在植物的叶片上。
❸ 几天后，将纸片移开。

 注意⋯⋯

纸片要稍厚一些，如果有深色的纸片效果会更好。

这时你会看到 👀
叶子上出现了你剪的纸片的形状。

噢～原来如此！

这是由于被遮住的部分缺少了阳光的照射，无法进行光合作用，或是光合作用很差，以致影响了叶绿素的合成，因此被遮住的那部分颜色就变浅了。

想一想，做一做：

现在你知道水果上的字是怎样"写"上去的了吧！如果有条件，你自己也可以试试看啊！

自制 "热气球"

热气球运动越来越普遍，也有很多的宣传活动中用到了热气球，那么一个庞然大物是怎样升上天的呢？下面我们就来做个试验试试看吧。

你要准备

一张薄纸 / 一瓶胶水 / 一只宽口的玻璃瓶 / 一根蜡烛 / 一盒火柴

我们一起做实验

①将薄纸按图中的样子剪好。
②用胶水按图示将薄纸粘成一个立方体形状的"气球"。
③将蜡烛放入玻璃杯中，并用火柴点燃。
④将气球的开口向下放在玻璃杯的上方，稍等片刻。

这时你会看到

纸气球慢慢地升起来了。

注意······

用火的时候一定要注意安全。

噢～原来如此！ 这是因为瓶中的空气被蜡烛加热后膨胀，向瓶外溢出，于是就将放在瓶口的薄纸气球"顶"起来了。

想一想，做一做：

原理你已经知道了，那就马上动手，做一只真正能升空的小型热气球吧。

测量浮力

放在液体中的物体都会受到浮力的影响，那么怎样才能测量浮力的大小呢？其实，做一个简单的实验就可以办到了。

你要准备

一把锁／一大杯水／一个弹簧秤

我们一起做实验

❶ 将锁挂在弹簧秤下，看一下弹簧秤的读数是多少，记下来。

❷ 将弹簧秤和锁一起放入水中，再看看弹簧秤的读数是多少。

这时你会看到

放入水中后，弹簧秤的读数下降了。

注意……

事先一定要确定弹簧秤是准确的，不然会影响实验结果。

噢～原来如此！

锁放入水中后受到浮力的作用，抵消了自身的一部分重力，所以弹簧秤的读数下降，而下降的重量正是浮力的大小。

难度系数 3

PART 3

内容的深度又有了一些增加，不要担心，同样都是利用你身边的材料进行的小实验，操作同样非常简便、易行。加油吧，动手、动脑完成它，你会发现你正在成为一位小小的实验专家！

能直接落水的鸡蛋

如下图，不用手揭开薄木板，你能让鸡蛋落入水中吗？

你要准备

一只装有水的鱼缸／一块薄木板／一只生鸡蛋／一把小木槌

我们一起做实验

❶将鱼缸、薄木板、鸡蛋如图放好。
❷用小木槌从侧面迅速敲击木板。

这时你会看到
薄木板迅速飞出，而鸡蛋则会落入水中。

注意……

1.用小木槌敲击木板时，动作一定要迅速、准确。

2.如果不慎将鱼缸打破，收拾碎片时一定要注意安全。

噢~原来如此！
这是因为鸡蛋原本处于静止状态，虽然薄木板被敲击产生运动，但由于惯性作用，鸡蛋仍然会保持静止状态。加之薄木板表面光滑，与鸡蛋之间的摩擦力较小，因此鸡蛋才会直接落入水中。

举一反三

扑克牌是我们生活中经常能见到的，有的人甚至用它来赌博。那你有没有想过用它来做一些小游戏呢？这样既能满足自己的好奇心又能学到科学知识，培养自己的动手能力。

你要准备

一枚硬币／扑克牌或者类似的卡片

我们一起做实验

❶将你的一只手攥成拳头，同时把食指伸出来。

❷把一张扑克牌平放在你伸出的食指上，把一枚硬币放在牌的中心，用另外一只手将扑克牌弹出去。

这时你会看到 👀

只有扑克牌飞出去了，而硬币则稳稳地落在了你的指尖上。

注意……

扑克牌在弹出时要使它保持水平，否则实验容易失败。

原因是什么？请你自己说说看吧：

半生半熟的鸡蛋

大家有没有自己煮过鸡蛋。如果我告诉你，有一种方法可以把蛋黄煮熟了，蛋白却还是生的，你知道我是怎么办到的吗？现在就让我们来试试吧。

一枚鸡蛋 / 汤锅 / 燃气炉 / 温度计 / 水 / 一只碗

我们一起做实验

❶ 往汤锅中倒入水，将鸡蛋放入汤锅中。

❷ 将温度计系上线，以便于提起可随时观察温度。

❸ 将温度计放入锅中，并将汤锅放在燃气炉上加热。

❹ 随时观察温度计上的读数，调整火力，使水温控制在 70~75℃。

❺ 加热 5 分钟后，把鸡蛋取出，打破蛋壳倒入碗中。

这时你会看到

蛋黄已经变熟凝固了，蛋白却仍然是生的，还是液体状态。

噢~原来如此！

每种物质的凝固点都不一样。蛋黄的凝固温度是 75℃ 以下，而蛋白是高于 75℃。

在这里，我们一直将温度控制在 75℃ 以下，所以蛋黄凝固了，而蛋白却没有凝固。

注意

温度一定要控制在 75℃ 度以下，否则实验不能成功。

烛火熄灭了

如果我告诉你不需要用嘴吹，也不用风吹，就可以使蜡烛熄灭，你知道这是怎么办到的吗？

你要准备

一支蜡烛／一只小碗／一盒火柴／醋／小苏打

我们一起做实验

❶ 将蜡烛点燃，固定在碗中央。

❷ 将小苏打粉放在蜡烛的四周，然后把食用醋倒入碗中。

这时你会看到 👀

几秒钟后，蜡烛自己熄灭了。

注意……

蜡烛不要太长，否则会导致实验效果不太好。

噢～原来如此！

蜡烛燃烧需要氧气，而小苏打跟醋混合在一起会发生化学反应，产生二氧化碳，蜡烛周围的二氧化碳浓度增加，氧气浓度减少，所以蜡烛就熄灭了。

106

有趣的樟脑丸

一个很简单的办法就可以让樟脑丸在液体中不停地浮浮沉沉，简单又有趣，我们来试试看吧。

一颗樟脑丸 / 一杯醋 / 少量小苏打

我们一起做实验

❶将樟脑丸放入醋中，这时樟脑丸沉到了杯底。
❷往醋中加入少量小苏打。

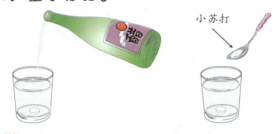

小苏打

这时你会看到 👀

樟脑丸马上浮起来了，但是浮到水面后又马上沉下去，一直这样在醋中浮浮沉沉。

樟脑丸不可以吃哦。

噢~原来如此！

小苏打跟醋发生化学反应，产生了二氧化碳气泡。二氧化碳气泡附在樟脑丸上，并且越积越多，使樟脑丸受到的浮力越来越大，当樟脑丸受到的浮力比自身重量还大的时候，樟脑丸就浮到水面上去了；当气泡中的气体跑到空气中去后，樟脑丸就又沉下去了。

变色的碘酒

我们受伤的时候，经常会往伤口上涂一点碘酒。大家都知道，碘酒是棕色的。如果我告诉你，可以把碘酒变成无色透明的液体，你知道这是怎么办到的吗？

一只带盖的玻璃瓶 / 一瓶碘酒 / 一盒火柴 / 少许水

我们一起做实验

① 往玻璃瓶中倒入约 20 毫升的水。

② 在水中加入约 2~3 滴的碘酒，这时水变成了棕色。

③ 同时点燃 2~3 根火柴，扔进瓶中，并用瓶盖盖住瓶口。

④ 摇晃瓶子，等待 10 秒钟。

108

这时你会看到

瓶中棕色的碘酒溶液变成无色透明的水溶液了。

注意

应保证火柴放入瓶里后，继续燃烧一阵，否则会影响实验效果。

噢~原来如此！

火柴燃烧的烟雾可以使碘变成无色的碘离子，当瓶中的碘酒溶液中的碘全部变成无色的碘离子后，碘酒溶液也就由棕色变成无色透明的了。

我们在电视里经常会看到警察借助指纹来破案。但是指纹印在一般物体上，肉眼是看不见的。其实只要用一个很简单的办法就可以使指纹显现出来。试试看吧，你也能做个小侦探呢！

你要准备

一瓶碘酒 / 一个小铁盒 / 一根蜡烛 / 一张白纸 / 一盒火柴

我们一起做实验

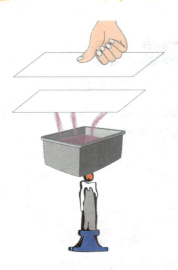

❶ 在白纸上印下指纹。这时，白纸上看不出指纹的印记。

❷ 将少量碘酒倒入铁盒。

❸ 点燃蜡烛，把铁盒放在蜡烛上方加热。

❹ 当有碘蒸汽冒出来的时候，将白纸上印有指纹的地方放在蒸汽上面熏。

这时你会看到

白纸上慢慢地显现出一个浅色的指纹。

 注意……

当碘酒加热到有紫红色的碘蒸汽冒出来的时候，再把白纸放上去熏。

噢～原来如此！

人的皮肤表面有一些油脂，手在白纸上印下指纹的时候，手上的油脂也留在白纸上。碘蒸汽遇到留在白纸上的油脂会被吸收，被吸收的碘冷却后便凝结成显色的固体，所以留在白纸上的指纹便显现出来了。

想一想，做一做：

前面我们还做过"密写书信"的实验，想一想它们的差异或共同点在哪里呢？你能否根据这些做出更精彩的实验？请你想一想，并且动手试试看吧。

头发被融化了

掉落的头发总是令人心烦，你们知道头发是可以被融化掉的吗？

一些头发（可以收集平时梳头时掉下来的）／一只小碗／一瓶漂白剂

我们一起做实验

❶ 将头发放进碗中。
❷ 再倒入漂白剂，直到把头发淹没掉为止。
❸ 静置半个小时。

漂白剂

这时你会看到 👀

头发丝居然被融化得只剩一点了。

1.使用漂白剂的时候要注意安全，不要弄到皮肤上。
2.不小心沾上后，需要马上用大量清水冲洗。

噢~原来如此！

头发是酸性的，而漂白剂是强碱性的，酸碱在一起就会发生化学反映（中和反应），所以头发就被融化了。

平时我们洗衣服的时候，不能用漂白剂洗带酸性的衣服就是这个原因。不然，衣服就会被"烧"坏。

水中魔力

水的力量是很大的，下面的实验就很好地证明了这一点。

一块冰糖／一小块肥皂／碎木屑／两个脸盆／水

我们一起做实验

❶ 在两个脸盆中各盛半盆清水，把碎木屑撒在两个脸盆中，碎木屑均浮于水面上。

❷ 把冰糖放入一个脸盆中央；另一脸盆中央放入一块肥皂。

糖

香皂

111

这时你会看到

放有冰糖的脸盆中，水面上的碎木屑会被吸引到中央部位；放有肥皂块的水盆中，碎木屑远离中央，即迅速向外扩散。

注意……

木屑不要放得太多，以免实验效果不明显。

噢～原来如此！

冰糖是一种渗水性较强的物质，把它放在水中，水立刻就被它吸引过来，碎木屑便慢慢地向冰糖溶解的方向（正中）移动。肥皂遇水会慢慢溶解，在水面上慢慢地形成一层极薄的皂液薄膜。在其周围水的较大表面张力的作用下，浮在水面上的碎木屑立即向外扩散，远离肥皂块。通过以上的实验可以证明，冰糖溶于水时，具有吸引力，而肥皂溶于水时，具有扩散力。

想一想，做一做：

如果把这个实验中的冰糖、肥皂或木屑换成其他物质，能不能得到同样的效果呢？请你想一想，并且自己动手试试看吧。

"听话的" 火柴

通过下面的实验，你可以很轻松地控制水中火柴的升降。

一根火柴／橡皮泥／一只空饮料瓶／水

我们一起做实验

❶ 在空饮料瓶中灌满清水。

❷ 取一根木梗火柴，在火柴头上包上橡皮泥，仔细调节橡皮泥的重量，使火柴能竖直悬浮于水中。

❸ 把火柴放入盛满水的饮料瓶中，用手掌按住瓶口，保持手掌与水之间不留气泡。

112

这时你会看到

当手掌稍用力下压时，火柴就沉入水底；减轻手掌的压力，火柴又从水底徐徐上升。控制手掌压力的大小，可以让火柴反复上升下降。

注意……

橡皮泥的重量要适中，可以先少包一些，然后慢慢调整。

噢～原来如此！

这是一个简单的沉浮实验。木梗火柴是多孔的，其中吸附着一定量的空气，随着瓶口拇指作用于水上的压力的改变，火柴中吸附的空气体积也相对增大或减小，使火柴的密度减小或增大，从而在水中出现上浮、下沉的变化。

吹不掉的纸

节日里的彩色纸片会像雪花一样在天空中飞舞，很漂亮，但是不久就会落到地上。你知道有一种纸片很神奇，一旦吹到了天上就再也不会掉下来。想知道是什么原因吗？让我们通过下面的实验来揭秘吧！

 你要准备

线轴 / 硬纸片 / 一枚大头针

我们一起做实验

❶ 找一个缝纫机上用的线轴。

❷ 裁一张手掌大小的方形硬纸片，中间钉入一枚大头针（或图钉）。

❸ 用手掌托住纸片，使针尖对准线轴的孔，你从线轴的上方使劲往下吹气，同时移开托纸片的手。

这时你会看到 👀

你会发现纸片不往下掉而是自由地漂浮。

 注意……

1. 在用大头针或图钉的时候一定要注意安全。

2. 当你向纸片吹气的时候，尽量用足力气，这样效果会更好。

噢~原来如此！

当你用力吹气时，气流急速地从线轴下端和纸片中间的空隙中通过，空隙间的气压相对小于纸下面的正常气压，纸片便被下面的空气托住。飞机上天的原理也是如此。机翼设计成上面为拱形，下面为平直，当飞机前进时，机翼上面的气流速度要大于机翼下面的气流速度，飞机便得到了较大的升力。

会"跳舞"的水滴

冬天守在炉子旁边烤火是一件十分惬意的事，炉子上的水壶吱吱地响着，一会儿水开了，水滴掉在灼热的炉盘上，便飞快地跳起舞来，水滴一面旋转着一面跳着，就像是有了生命一样。大家想知道这个实验是怎么做的吗？让我们来尝试一下吧！

 你要准备

一只炒锅/燃气灶/水

我们一起做实验

❶ 把炒锅放在燃气灶上加热。

❷ 等到炒锅烧得非常热，甚至有些发红的时候，把少许水放到炒锅上。

这时你会看到 👀

水渐渐地变少，慢慢地蒸发掉了，到最后剩下一点点水的时候，水滴就开始"跳舞"了。

 注意……

这种有趣的现象只有在炒锅烧得很热并且有些发红的时候，才可能看到。如果炒锅只是温热的，一滴水掉在上面就会迅速地蒸发掉，消失得毫无踪迹。

噢～原来如此！

你可以反复地进行几次，把同一炒锅烧成不同的温度，滴上同样温度的水，你总会看到水滴在烧得很热的锅底上舞蹈，有时会持续3～4分钟。

原来，当水滴碰着灼热的铁板的时候，它的下部分立即汽化，于是在水滴和铁板之间形成了一层水蒸气，使水滴不能直接挨着铁板，铁板的热是通过水蒸气传到水滴上，反倒慢了。通过水蒸气加热，使水滴全部变成水蒸气，要用3～4分钟的时间，在这个期间水滴得到水蒸气的保护，因此能在铁板上"跳动"，而掉在温热的铁板上的水滴，由于没有水蒸气的保护直接和热铁板接触，蒸发得很快，一会儿就消失了。

脚蹼的作用

我们从电视或电影中看到潜水员在潜入水下前，都要穿上紧身衣，戴上一副脚蹼，俨然一个"蛙人"。这是人类向自然界中的青蛙、鸭和其他游禽学来的，现在我们就做一个实验，看看脚蹼有什么作用吧。

一个盆 / 水 / 两根筷子 / 一只塑料袋

我们一起做实验

❶准备好大半盆水。

❷一只手中拿住两根筷子，分开一点在水中划动。

❸然后在筷子上套上一只塑料袋，再伸入水中划动，看看有什么现象发生。

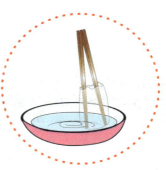

这时你会看到

光靠两根筷子是没什么推动力的，套上塑料袋后，就会得到较大的推动力。

注意……

除了可以用塑料袋以外，还可以用其他物体代替，如硬纸壳等。

噢~原来如此！ 塑料袋的作用就是增加筷子间表面积，而表面积的增加势必会使其受到水的推力增大。

潜水艇的奥妙

大家看过潜水艇吗？看着它在水中沉下去、浮上来，有没有觉得很奇妙呢？你知道它是如何做到的吗？这个秘密我可以告诉你，让我们做一个"潜水艇"的游戏吧。

你要准备

一个塑料笔帽／一块橡皮泥／水／一只空饮料瓶

我们一起做实验

① 将橡皮泥粘在笔帽底部。

② 将水瓶中灌满水，把笔帽放进瓶子里，并拧紧瓶盖。

③ 双手用力挤压瓶子，随后松开手，不停地重复这个动作。

这时你会看到 👀

笔帽在瓶子里面可以不断沉下和浮起。

 注意……

笔帽一定不要有洞，否则影响实验效果。

噢～原来如此！

笔帽在瓶子里，笔帽里的空气使笔帽漂浮，当双手挤压瓶子，瓶子里的水进入笔帽后，使笔帽变重下沉，手松开后，水流出笔帽，笔帽变轻又浮了起来。

116

人造彩虹

盛夏的雨后，彩虹横贯天空，绮丽缤纷，煞是好看。其实我们自己也可以通过很简单的办法制造彩虹。

你要准备

一杯水

我们一起做实验

最简单的一个办法，就是在天气晴朗的上午或傍晚，当太阳光斜照着大地时：

① 手拿一杯清水，背对着太阳站立。

② 先含一大口水在嘴巴中，然后朝着前面的太阳光，斜向上用力将水喷出。

这时你会看到

你便可在自己喷出的一片水珠中看到一段彩虹。

注意……

1.喷出的水珠越细小、密集且分布均匀，效果越好。

2.如果能用烫衣服或湿润花草用的小喷雾器代替嘴巴喷水，那效果就更好了。

噢～原来如此！

有时，在虹的旁边还可见另一道彩色的圆弧，这就是霓。虹的外圈是红色的，内圈是紫色的。霓的外圈是紫色的，内圈是红色的。虹和霓都是太阳光射入空气中的小水珠，经过折射、反射后产生的光学现象。根据这一原理，人工制造一条彩虹并不困难。

水中滑翔机

　　大家见过空中的滑翔机，是不是很壮观呢。但是你见过水中的滑翔机吗？我们一起动手来做一个吧！

你要准备

一张薄铝片／一个曲别针／一把剪刀

我们一起做实验

❶用薄铝片剪一架小飞机，以机身为轴，两边稍微向上弯成凹形。

❷在机头夹上一个曲别针，用来调节飞机的重心位置，这架小飞机就做成了。

❸把小飞机放入水中，看看有什么现象发生。

这时你会看到 👀

　　飞机开始在水中滑翔。将它放入装满水的脸盆内，要是调节得好，可从一边"起飞"，一直滑翔到另一边而不沉入水中。

注意……

　　1.罐装的可口可乐罐子就是铝制的，很好找，剪起来也比较容易，但剪的时候一定要注意安全，避免划伤。也可以让家长协助完成这一步骤。

　　2.要把飞机做得平衡性好一些，这样实验效果会更好。

噢～原来如此！

水和空气一样，都属于流体，所以它们有很多相似的力学性质。根据这个原理，飞机就能够在水中滑翔了。

118

针孔眼镜

透过小小的针孔也能看清东西吗？试一试就知道了。

你要准备

两个软塑料瓶盖／一根针／打火机或蜡烛／一根线

我们一起做实验

❶ 找两个直径 30~40 毫米的软塑料瓶盖。

❷ 用打火机或蜡烛将针烧红。

❸ 用烧红的针尖，在瓶盖中间扎一个小孔（直径约 1 毫米）。

❹ 再在瓶盖两侧各扎两个小孔，用线穿起来就是一副眼镜。

119

这时你会看到

戴上这副眼镜，便能看清楚周围的一切。奇怪的是，不管是 300 度、500 度的近视眼，还是远视眼，戴上它都能看清楚物体。

噢～原来如此！

这是运用了小孔成像的原理。当光线通过小孔后，不管光屏远近，成像总是清晰的。人眼睛的视网膜就好像是个光屏，一般情况下近视眼的人，成像在光屏之前；远视眼的人，成像在光屏之后。成像不在光屏上，所以看不清楚。加了小孔之后，不管近视还是远视，都能在视网膜上成像，所以就能看清楚了。

注意……

1.小孔的大小要合适。

2.烧红针的时候，一定要带上隔热手套或在针上裹上较厚的布等，以免烫伤手，最好请家长从旁协助完成这一操作。

烧不开的水

为什么持续地加热，水还是烧不开呢？看看下面的实验吧！

一只玻璃杯／汤锅／水／燃气炉

我们一起做实验

❶ 将玻璃杯中盛水后，放在盛水的汤锅中。

❷ 打开燃气炉加热汤锅里的水，过一会，看看有什么现象发生。

这时你会看到 👀

汤锅里的水烧开沸腾了。但奇怪的是，玻璃杯里的水并不沸腾，无论加热多长时间都烧不开。用温度计量一下，汤锅与玻璃杯里的水水温相同。

 注意……

注意用火的安全，最好在家长或老师的指导下进行实验。

噢～原来如此！

沸腾是液体的一种汽化现象。液体汽化的时候，要吸收热量。汤锅放在火源上，里面的水可以不断得到热量，不断沸腾。而玻璃杯放在水中，只能从水中得到热量，即汤锅中水的温度升高，玻璃杯中水的温度也升高。当汤锅中水温升高到100℃时，玻璃杯中水温也升到100℃，但汤锅中水温升高到100℃时就沸腾了，它得到的热量都用来汽化了，水温就不再升高了。这样一来汤锅中的水与玻璃杯中的水之间不再发生热交换，玻璃杯里的水不能再从汤锅中的水里吸收热量，所以就不会沸腾。

奇妙的浮沉子

什么是浮沉子呢？打开家里马桶水箱的盖子，那个控制水位高低、水的进出的就是了。让我们看一看，它是怎样让水"自由"出入的吧。

你要准备

一只空汽水瓶／水／小玻璃筒／麦杆或塑料吸管／橡皮膜（或气球皮）／橡皮筋

我们一起做实验

❶取一只空汽水瓶，往瓶内灌入清水至瓶口。

❷再取一只装六神丸的小玻璃筒，拔掉盖子。把小玻璃筒开口向下，竖直插入汽水瓶内的水中，放掉筒内的部分空气后放手，使小玻璃筒能竖直浮在水中，且筒底刚好露出水面。

❸用麦杆或塑料吸管小心地吸掉汽水瓶内的部分清水。

❹然后找一块橡皮膜（或气球皮）蒙住瓶口，再用橡皮筋扎紧。小心，别把瓶内的小玻璃筒给弄翻了。现在，请你用手指按橡皮膜，看看会有什么情况发生。

这时你会看到

小玻璃筒徐徐下沉

注意……

松开手指，小玻璃筒又上升，直至筒底露出水面。手指用力适当时，你还能使小玻璃筒悬浮在水中，既不下沉也不上升。

噢～原来如此！　小玻璃筒浮在水面上时，它受到的浮力刚好等于筒壁排开的水的重量与筒内空气排开的水的重量之和，且浮力的大小与筒的重量相等。手按橡皮膜时，瓶内水面上的空气被压缩，对水面的压强增大，把一部分水压入筒内，使筒内的空气被压缩，排开的水的重量减少，这时小玻璃筒的重量大于它所受到的浮力，于是筒就下沉。松开手指，瓶内水面上的空气压强减小，使它所受到的浮力增大，于是小玻璃筒就上浮。

121

谁偷走了重量？

　　物体一般不会出现失重的现象，但当物体在高空中所受地心引力变小或者当物体向地球中心方向做加速运动时就会发生失重现象。例如，人们乘电梯从高层降下或乘坐大型游乐场的单轨滑车从高处滑下时会感受到失重。下面我们通过两个简单的实验来感受一下失重现象。

你要准备

两块砖／一张纸条／一根棉线／火柴

我们一起做实验

❶ 找两块砖，上下叠好，中间夹入一张狭长纸条，试试看将纸条从砖块中间抽出来所需要用的力。

❷ 用棉线将砖块吊挂空中。

❸ 划燃火柴去烧断棉线，让砖块自由落下，同时用手抽拉纸条，看看有什么现象发生。

这时你会看到

被砖块压着的纸条很容易被拉出来。

注意 ……

砖掉下来的时候要注意安全。

噢～原来如此！

　　可见砖块在自由落下时处于失重状态。找一只铁皮罐，侧面开几个光滑的小孔，用细线牵挂。往罐中装水后，水便从孔中流出。让罐从阳台上垂直落下，下落时要注意安全你会发现罐在下落过程中，水几乎是停止流出的。水不对罐内壁产生压力正说明水失去了重力。

大家知道星星之火可以燎原的成语吧，下面的这个实验就是来验证一下星星之火的巨大力量的，小小的火苗瞬时就能变成一团"火球"，而且还没有危险性，绝对的安全。

你要准备

一段蜡烛头／有盖的广口玻璃瓶／一根绳子

我们一起做实验

❶ 把一段蜡烛头粘在广口瓶底，瓶子用细绳吊起来，提在手中。

❷ 点燃蜡烛，盖上盖，用手提着瓶子。突然，手拉着绳子向下降，看看有什么现象发生。

这时你会看到 👀

当绳子松软时，就说明瓶子是自由下落，这时你会发现，本来朝上的火苗，很快缩成了小火球。

 注意

要注意用火的安全，保证周围没有易燃物。

原因是什么？请你自己说说看吧:

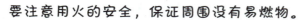

自动转轮

不需要任何"动力"的轮船就能自由遨游你相信吗？让我们来看看下面的实验。

你要准备

一个瓶盖（直径30毫米左右）/ 薄铁皮 / 一根火柴棍 / 一只玻璃杯 / 开水

我们一起做实验

❶ 找一个直径30毫米左右的瓶盖，中心钻一个小孔。

❷ 用薄铁皮剪一个小叶轮，直径与瓶盖直径一样。

❸ 在叶轮中心钻一个小孔，并把叶片扭转一定的角度，将火柴棍的两端分别插入瓶盖和叶轮的小孔中。

❹ 在玻璃杯中倒入开水。

❺ 把叶轮小心地放入水中，瓶盖浮在水面上。

这时你会看到 👀

过一会儿，叶轮便带动瓶盖慢慢地旋转起来。

噢~原来如此！

原来叶轮旋转是水对流造成的。杯口和贴近四壁的水比杯子中心的水凉得快，使周围的水向下流动，中心的热水就向上流动，水的流动推动叶轮旋转起来。小叶轮旋转是由于受到动力的作用，不过它的能量是"贮存"在热水里的。

用剪刀的时候要注意安全。

124

自制"吹哨"水壶

　　烧开水，最让人担心的是沸水溢出把火浇灭，所以要常常放下手中的事情，到厨房去张望。要是水一开，水壶能发出信号就好了。现在我们就设计一只会吹哨的水壶，只要水一开，它就使劲吹哨子，提醒主人快来灌开水。

一个圆木塞／哨子／一把小刀／一只水壶

我们一起做实验

❶把水壶盖中间的顶钮旋下来。

❷按照壶盖中间顶口的大小，把圆木塞削好，上端可稍大些。

❸用小刀在木塞中间开条小槽并挖通，把哨子插入槽里，正好塞住。

❹用塞有哨子的圆木塞塞住壶盖的顶口。

❺灌一满壶水放到燃气灶上烧开。

水壶盖

这时你会看到

当水开了的时候，由于水蒸气的作用，哨子会发出尖利的哨

噢～原来如此！　　哨子之所以会自动吹响，主要的动力来自水蒸气。水蒸气曾是人类重要的动力能源，比如在电力火车发明之前，蒸汽火车还是人们出行的主要交通工具呢！

注意……

　　1.在用刀子削木块的时候一定要注意安全。

　　2.在使用的时候注意不要被哨子里吹出的蒸汽烫伤。

会吸水的杯子

用玻璃杯罩住燃烧中的蜡烛，烛火熄灭后，杯子内有什么变化呢？

你要准备

一只玻璃杯（比蜡烛高）／一支蜡烛／一只平底盘子／一个打火机／水

我们一起做实验

1️⃣ 点燃蜡烛，在盘子中央滴几滴蜡油，以便固定蜡烛。
2️⃣ 在盘子中注入约1厘米高的水。
3️⃣ 用玻璃杯倒扣在蜡烛上。
4️⃣ 观察蜡烛燃烧的情形，以及盘子里水位的变化。

这时你会看到 👀

玻璃杯里的空气（氧气）被消耗光后，烛火就熄灭了。烛火熄灭后，杯子里的水位会渐渐上升。

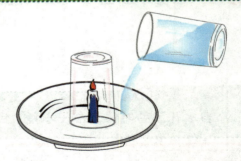

噢~原来如此！

蜡烛燃烧的时候耗费了大量的氧气，这样瓶内的气压就会降低，是气压的力量使得水能够自动流动。

◆注意……

在蜡烛燃烧的时候，要注意安全，不要将身体靠近杯子，以免烫伤。

126

自制蜡烛抽水机

你见过抽水机吗？你知道抽水机是怎么工作的吗？下面我们就来演示一下。

两只玻璃杯／一根蜡烛／一张比玻璃杯口稍大的硬纸片／塑料管／少许凡士林／火柴／水

我们一起做实验

❶将塑料管折成"∩"形，并使一头穿过硬纸片。

❷把两只玻璃杯一左一右放在桌子上。

❸将蜡烛点然后固定在一只玻璃杯底部，并将水注入另一只玻璃杯中。

❹在放蜡烛的杯子口涂一些凡士林，再用穿有塑料管的硬纸片盖上，并使塑料管的另一头没入另一只杯子内的水中。

这时你会看到 👀

烛焰越来越微弱，直至熄灭，而水慢慢流入了有蜡烛的那只杯中。

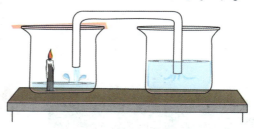

注意……

操作时一定要注意用火安全。

噢～原来如此！

杯子被硬纸片盖上后，加之杯口上涂抹了凡士林，使得杯中的空气数量相对稳定，但由于蜡烛的燃烧，使得杯中的氧气逐渐减少，气压逐渐降低，而另一只杯中的压力是没变的。塑料管连通了左右两个杯子，水便由气压高的杯中流入到气压低的杯中，直到两杯水面承受的压力相等为止。此时，有蜡烛的杯中水面高于另一只杯中的水面。

能 "吸水" 的空气

　　空气不仅仅是让人们用来呼吸的，你知道吗，它还有另外一种神奇的作用呢！就是能够吸水。这是怎么回事呢？让我们来做下面的实验吧。

你要准备

（细的）吸管／可口可乐瓶（塑料瓶）／角尺／水

我们一起做实验

① 首先，往瓶里装 2/3 左右的水。
② 在吸管的 1/3 处用刀切个口（要连接一半），并弯成 90°。
③ 把吸管长的一端插到水里，而短的一端放到嘴里用力吹气。

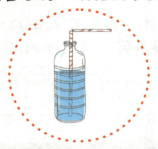 

这时你会看到 👀
　　吸管放到嘴里吹气，会使瓶里的水被吸上来变成小水珠喷射出去。

注意 ……
　　角度为 90° 时最为理想，做得必须准确，不然的话或是水被吸进，或是在瓶里产生气泡。

噢～原来如此！
　　就像水向低处流一样，空气也是从高气压向低气压流动，所谓"气压"就是空气的压力。如果空气流动加快，那么它周围的气压就会下降，从而使其他地方的空气流向它的周围。
　　同样的原理，如果使劲吹吸管，那么出气口部分的气压就会下降，瓶中的水就会被吸上来。同时，被吸上来的水因强劲的风速变成小水珠喷射出去。喷雾器和喷蚊器就是利用了这样的原理。

有趣的液体分层

不同的液体和物质在一起会自动地分开，你相信吗？让我们一同来做下面的实验吧。

一只玻璃杯／糖浆／菜油／软木塞／塑料积木／葡萄／冷水

我们一起做实验

❶ 取一只无色透明的玻璃杯，倒入一些糖浆，然后倒入等体积的菜油，油会漂浮在糖浆上。

❷ 加入等体积的冷水，你会发现，冷水穿过油层，漂浮在糖浆上。

❸ 这时，依次把软木塞、塑料积木和葡萄放入玻璃杯中。

这时你会看到 👀

软木塞漂浮在油上面，塑料积木沉在油下却漂浮在水上，葡萄沉在油和水下却漂浮在糖浆上。

放入水中的除了积木等，还可以是其他密度和重量不同的东西，可以根据实际情况而定。

噢～原来如此！

糖浆的密度最大，沉在杯底；油的密度最小，漂浮在杯的最上面；而冷水的密度介于油和糖浆之间，所以位于菜油与糖浆之间。软木塞密度最小，漂浮在菜油的上面；葡萄密度最大，它能穿过油和水，浮在糖浆上面；而塑料积木的密度处于菜油和糖浆密度之间，所以它穿过菜油，漂浮在水面上。

磁带指南针

录音机上用过的废磁带也是有大用处的，它可以用来做指南针呢！我们一起来试试看吧。

你要准备

一盘磁带／一把剪刀／一块磁铁／一只小杯子／水

我们一起做实验

① 将磁带剪下一小段。

② 在杯子里面注入半杯水。

③ 用磁带的一端在磁铁上摩擦几下，然后放在水面上。

130

这时你会看到 👀

这一小段磁带在水面上会不停地转动。最后，一端指向南，一端指向北，静止停在水面。

注意……

1.剪下来的磁带长度以4厘米左右为宜。

2.在摩擦磁带的时候不要太用力，以免损伤磁带。

噢～原来如此！

原来磁带涂的是硬磁性材料，这种材料被磁化以后能保持磁性，正因为磁带具有这种特性，所以录上声音后能将磁信号长期保存。如果磁带不在磁铁上摩擦几下，没有被磁化，当然就不能当指南针用了。就如空白磁带没有磁信号声音一样。

有些材料，如电动机、变压器的铁芯、收音机的磁性天线等，被磁化后不能保持磁性。这些材料称为软磁性材料。

自制潜望镜

我们都知道潜望镜很神奇，其实我们自己也可以制作的。

两块小镜子／硬纸片／胶带

我们一起做实验

❶买两块小镜子。用硬纸片做两个直角弯头圆筒，直径比小镜子稍大。

❷在纸筒的两直角处各开一个 45° 的斜口，将两面小镜子相对插入斜口内（如下图所示），用胶带粘好，把两个直角筒套在一起，一个简单的潜望镜就制成了。

131

❸调整好角度，将任意的物体放在较高处的小镜子处，在"潜望镜"的低处观察。

这时你会看到

视野变高了，原来看不到的较高处的物体现在看得一清二楚。

◆ **注意**……

要将镜子的角度调整好，这样潜望镜的视野会更大的。

噢~原来如此！ 这是根据光的反射现象以及光路设计原理制作的。潜望镜的用途很广，在步兵的战壕里观察前方的战况，以及在坦克的驾驶室及炮长的瞄准或是潜水艇的水下观察中，潜望镜都是不可或缺的工具。

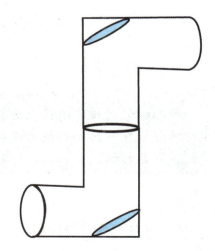

纸杯旋转灯

大家见过用蜡烛做的纸杯灯吗？最为神奇的是，这个纸杯还能自动地旋转，想知道其中的秘密吗？一起来试试看吧。

两个纸杯／一支牙签／一支蜡烛／一卷胶带／一根绳子／一把剪刀

我们一起做实验

❶ 取一个纸杯，在杯身对称处各剪开一个方形大口，在杯底固定上蜡烛，作为灯的底座。

❷ 另一个纸杯则在杯身约等距离位置剪出 3~4 个长方形的扇叶，在杯底中央处穿上绳子，并用牙签棒固定，作为灯的上座。

❸ 将两个纸杯上下对口用胶带贴好固定。

❹ 点上蜡烛，拉起绳子，看看有什么现象产生。

这时你会看到 👀

在蜡烛燃烧的时候，纸杯灯仿佛受到了一种神奇的力量的支配，开始转动。

噢~原来如此！ 蜡烛燃烧的时候，火焰尖端多呈朝上的方向。空气受热会上升，然后沿着上方纸杯的扇叶口流动，因而造成旋转的现象。

蜡烛燃烧时要注意安全。

植物的向光性

生物书上介绍植物有向光性，那我们如何才能证明这一点呢？看看下面这个实验吧。

一盆牵牛花的幼苗／一只纸盒／一把剪刀

我们一起做实验

❶ 用剪刀在纸盒的一侧剪一个小口。

❷ 将牵牛花的幼苗放入纸盒中，盖上盒盖。

❸ 将纸盒放在阳台上，耐心等待。

这时你会看到

牵牛花的幼苗居然从那个小口中探出头来。

注意……

最好将纸盒放在阳台上能受到太阳光照射的地方。

噢～原来如此！

植物的身体里面有一种物质是专门控制植物的生长方向的，这种物质对光线非常敏感，它会"跟着光线跑"。纸盒全被封住了，只有那个小孔才能受到阳光照射，所以牵牛花的幼苗就从那里钻出来了。

植物会呼吸!

我们都知道，植物能够在白天不断地进行光合作用，吸进二氧化碳，释放氧气；到了夜晚，光合作用停止，植物就吸进氧气，释放二氧化碳。可是怎样才能证明这一现象呢？

你要准备

一些新鲜的草叶／一只有盖的玻璃瓶／少量澄清的石灰水

我们一起做实验

❶ 把新鲜的草叶放进干净的玻璃瓶中，盖紧瓶盖，然后放到一个潮湿阴暗的地方。

❷ 第二天，取出玻璃瓶，打开瓶盖并倒入一些澄清的石灰水。

这时你会看到

澄清的石灰水变白、变浑浊了。

注意……

1.草叶一定要用新鲜的，被拔下来过久的草叶呼吸作用十分微弱，甚至停止，会导致实验失败。

2.石灰水用过之后一定要将它倒掉，或妥善放置于安全的地方，以免被他人误饮。

噢~原来如此！

这是因为草叶在黑暗的环境中无法正常进行光合作用，而夜晚仍要不停地呼吸，呼出大量的二氧化碳。石灰水的化学成分是氢氧化钙，它一遇到二氧化碳就会发生化学反应，生成白色的沉淀物——碳酸钙。

向上和向下

植物的根总是向地底下长，而茎却总是向上长，这是什么原因呢？让我们来看看吧。

少许种子／一个盆／一张纸／一根绳子／水

我们一起做实验

❶ 先把四颗刚刚发芽的种子放在一张吸水性较好的纸上。
❷ 再把它们轻轻地夹在两块玻璃之间，用细线捆绑好。
❸ 把夹有发芽种子的玻璃片竖在阳台的水盆中，使种子得到水分继续发育成幼苗。以后每隔三天把玻璃转换方向竖在水盆中。

这时你会看到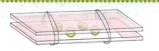

这样转了几次后你就会发现，幼苗的根总是向下生长，而茎叶总是向上生长。

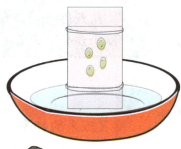

注意……

尽量选一些饱满的种子。

这说明植物具有定向运动的特点，这和地球所具有的巨大吸引力有关。

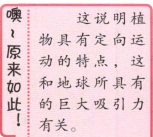

举一反三

大家知道植物的根都是深深地扎在地底下的，但是你知道吗，也有相反的情况，让我们看看吧！

你手准备

少许玉米种子 / 湿沙土

我们一起做实验

❶ 将玉米种子放在湿沙土层上，保持适宜的温度和湿润的条件。

❷ 待种子长出 1~2 厘米的根时，选出两株，将它们的根沿水平方向放置，并把其中一株玉米根的尖端切去。

这时你会看到

几天后，没有切除根尖的根自动向下弯曲生长，而切去根尖的根似乎迷失了方向，径直沿水平方向生长。

注意……

除了玉米的种子，还可以用其他植物的种子。

噢～原来如此！

植物的根有向地性，就是说它能"感觉"到重力的刺激，所以水平放置的根会自动向下弯曲。感受和控制根的这种特性的"司令部"在根冠，是根冠根据重力的方向变化而分泌生长素来控制根的弯曲方向的。因此，根冠一旦被切除，根就不再向下弯曲了。

自制灭火器

大家都知道水火无情，当失火的时候常用的灭火器是怎样做成的呢？让我们自己动手做一个吧！

一个废胶卷盒／若干苏打／少许醋／若干卫生纸／一个饮料瓶

我们一起做实验

❶ 用卫生纸把两汤匙的苏打包成块状。

❷ 把包好的苏打放入胶卷盒中，倒入醋，迅速盖好盖子。

这时你会看到 👀

只需要很短的时间，胶卷盒盖便被猛烈地推开，一些泡沫喷了出来，就像灭火器一样。

 注意……

必须先把苏打放进胶卷盒中，再放醋。

噢～原来如此！

苏打和醋发生化学反应，生成可以抑制燃烧的二氧化碳气体，而此时胶卷盒的容积是不变的，当生成的气体逐渐增多，对胶卷盒造成的压力达到一定程度就会推开胶卷盖，气体和液体混合而形成的泡沫也就随之溢出来了。

西红柿电池

众所周知，西红柿是一种食物。如果我告诉你，在西红柿中插入两块不同的金属片，西红柿就变成了电池。你知道这是怎么办到的吗？

你要准备

一个西红柿／两块铜片／两块锌片

我们一起做实验

① 把一块铜片和一块锌片插入西红柿中。

② 用舌头同时舔铜片和锌片。

③ 把两块铜片（或锌片）插入西红柿中。

④ 再用舌头同时舔两块铜片（或锌片）。

注意……

不能同时放入两块同种的金属片，否则不能产生电流。铜片和锌片要保持干净。

这时你会看到

第一次舔的时候，舌头感觉发麻，说明西红柿内产生了电流；第二次舌头没什么感觉，说明西红柿内没有电流。

噢～原来如此！

西红柿的汁液是酸性溶液，铜片和锌片插入酸、碱、盐的水溶液中，会发生化学变化。锌比铜活泼，容易失去电子。锌片失去一部分电子后，就和铜片间产生了电位差（电压）。在电位差的作用下，电子就由锌片通过导线流向铜片，于是就产生了电流。那么两块同种的金属片间为什么不能产生电流呢？这是因为它们之间无法形成电位差，不能驱使电子流动，所以也就不能产生电流了。

"换新衣服"的钉子

家里面总有些钉子过了一段时间之后就锈迹斑斑的，很难再发挥作用。下面就让我们来做个实验，给它们换一身不会生锈的"新衣服"吧。

你要准备

四五个柠檬／一只小玻璃杯／十几枚铜币或小铜片／食盐／生锈的钉子／去污粉／清水

我们一起做实验

❶把铜币或铜片放入玻璃杯中。

❷把柠檬切开，将柠檬汁挤进玻璃杯中，要让柠檬汁没过铜币或铜片。

❸在玻璃杯中加少许盐，并让铜币或铜片在柠檬汁中浸泡约5分钟。

❹用去污粉和清水将生锈的钉子清洗干净。

❺将清洗干净的铁钉放入玻璃杯中。

❻浸泡约20分钟。

这时你会看到

钉子表面"穿"上了一件漂亮的淡黄色新衣服，即使搁置一段时间，铁钉也不会再生锈。

注意……

浸泡的时间都要足够长，否则实验效果会不明显。

噢～原来如此！

铜币或铜片上的铜与柠檬汁中的柠檬酸相互作用，形成了新的化合物（柠檬酸铜）。当我们把铁钉放入杯中的时候，这种化合物就会与铁钉发生化学反应（置换反应），就能给铁钉镀上一层薄薄的且摩擦不掉的铜了。

举一反三

在上一个实验中，我们在柠檬汁中加了些盐，这又是为什么呢？用这个原理，我们还能给身边的一枚枚小硬币洗澡呢，让我们来试试看吧。

你要准备

四五枚脏污硬币／一只小玻璃杯／食盐／水／一只小碟子／食用醋

我们一起做实验

❶把硬币放在小碟子里。

❷将盐放在小玻璃杯中，加水调成一杯盐水溶液。

❸将盐水倒入小碟中，并在盐水中加入几滴醋。

❹让硬币在盐水中浸泡约 10 分钟。

❺10 分钟后将硬币取出，并用纸巾擦拭。

盐水

这时你会看到

硬币又变得熠熠发光了。

注意……

浸泡的时间要足够长，否则实验效果会不明显。

噢~原来如此！

醋里面的主要成分是醋酸，盐里面的主要成分是氯化钠。当这两种物质混合时，会发生化学反应，生成弱的盐酸溶液，这种溶液能很好地清除金属表面的污垢。

会自动倒下的一叠硬币

硬币在磁铁的作用下会像多米诺骨牌一样倒下，你相信吗？让我们做一个小小的实验吧。

10 枚硬币 / 一块大的磁铁

我们一起做实验

❶ 取 10 枚硬币，将它们排列整齐呈圆柱形横放在桌面上，如下图所示。

❷ 拿起大的磁铁，将其磁极 N 自上而下沿垂直方向慢慢接近桌面上这叠横放的硬币。

这时你会看到 👀

这叠原来呈圆柱形的硬币会自动一枚接着一枚地向两侧倒下。

 注意……

如果用磁性的钢管代替大磁铁，实验效果会更好。

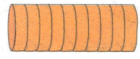

噢~原来如此！

这是由于这叠硬币在磁场的作用下发生了变化，使其中每枚硬币的上端都分别磁化成为 S 极和 N 极，由于同性相斥，加上硬币之间紧贴在一起，在磁性斥力作用下，这叠横放在桌面上的硬币会自动向两侧倒下去。

会"喷水"的脸盆

听了这个题目大家就会感兴趣，是什么力量使得脸盆也能够喷水呢？下面就让我们来做这个实验吧。

你要准备

一只搪瓷脸盆／水

我们一起做实验

❶ 取一只搪瓷脸盆，将脸盆上的油污洗净，盆内放九成的水，放在稳定性良好的桌面上。

❷ 用左右两手的大拇指，沿盆的边缘对称的两侧，各沿边缘用力进行有节奏地来回摩擦。

这时你会看到 👀

随着摩擦节奏的不断调整和力度的加大，脸盆中的水珠就会向上飞溅，实验效果理想的话，水珠可高达 10 厘米。

注意……

手和脸盆上的油污要清洗干净，对称力度要大，左右两边摩擦距离适中。

噢～原来如此！

每个物体都有自己的固有频率，脸盆也是如此。当左右两个大拇指有规律地按一定距离对称地在盆边缘摩擦，摩擦产生的振动频率和脸盆本身的固有频率达到一致时，就会出现共振现象。共振时，脸盆周壁发生横向振动，这种振动犹如在平行于水面方向用手急速地拍打水面，迫使水珠喷溅，非常有趣。

附录

PART 4

科学加油站

1. 凹透镜

凹透镜即中央部分比边缘部分薄，能使光线发散的透镜，也称"发散透镜"。

科学导航 ➡ 透镜、凸透镜

2. 饱和溶液

在一定温度条件下，一定体积的溶剂中能溶解溶质的数量是有一定限度的，当溶质在该溶剂中的溶解达到最大限度的时候，该溶液就叫作饱和溶液。

科学导航 ➡ 溶质、溶剂、溶解

3. 变形

物体在受到外力作用的时候，其形状和尺寸上的变化，就叫作变形。

4. 表面张力

液体表面相邻两部分间单位长度内的相互牵引力，就叫作做表面张力。它是分子间作用力的一种表现。

科学导航 ➡ 分子

5. 磁场

由运动的电荷或电流产生的，能够传递运动电荷、电流之间相互作用的一种物理空间，就是磁场。它能够同时对该空间中的其他运动电荷或电流发生力的作用。

科学导航 ➡ 电荷、电流

6. 磁性

某些物质能够吸引铁、镍、钴等物质的特性，就叫作磁性。

7. 催化剂

能够增加化学反应速率的物质，就叫作催化剂，也叫作"触媒""接触剂"。

科学导航 ➡ 化学反应

8. 大气层

大气层是包围着地球的气体层，又称大气圈。

9. 大气压

大气压是标准大气压的简称。一个标准大气压是指在北纬 45° 海平面位置，温度为 0℃时的大气压强，等于 101.325 千帕。

科学导航 ➡ 压强

10. 导体

能够很好地传导电流的物体，就叫作导体。

科学导航 ➡ 电流

11. 电荷

物质、原子或电子等所带的电的量，就叫作电荷。

12. 电流

在单位时间里，通过导体任一截面的电荷量，就叫作电流。电流是电荷在电场力的作用下定向流动形成的。

科学导航 ➡ 电荷

13. 电压

静电场或是电路中两点之间的电势差就是电压。

14. 电子

电子是电量的基本单元，一切原子都是

由一个带正电的原子核和围绕它运动的若干电子组成的。电子的定向流动就形成了电流。

科学导航 ➡ 电流、原子、原子核

15. 电阻

电阻是指导体阻碍电流通过的性质。在电压一定的情况下，电阻越大，通过的电流越小。形状和体积相同的不同导体，电阻的差别很大，金属的电阻最小。但是，随着温度的升高，其电阻会变大。

科学导航 ➡ 电压、电流

16. 动能

物体由于机械运动而具有的能量，就叫作动能。

科学导航 ➡ 机械运动

17. 反射

波在传播过程中由一种媒质达到另一种媒质界面时，返回原媒质的现象，就叫作反射。

18. 放大镜

用以观察微小物体的凸透镜，即放大镜。

科学导航 ➡ 凸透镜

19. 沸点

液体沸腾时的温度，就叫作沸点。不同液体在相同的压强下，沸点不同；相同的液体在不同的压强下，沸点不同。

科学导航 ➡ 沸腾

20. 沸腾

在液体表面和内部同时发生的剧烈的汽化现象，就叫作沸腾。沸腾只能在某一

特定温度（沸点）下发生，沸腾过程中液体不断吸收热量，但温度保持不变。

科学导航 ➡ 沸点、汽化

21. 分解

分解是化学反应的一种类型，是指由一种化合物产生一种或一种以上成分较简单的物质的过程。

22. 分子

物质中能够独立存在并能保持该物质一切化学特性的最小微粒，就叫作分子。

科学导航 ➡ 表面张力

23. 浮力

浸没在液体中的物体，所受的各个方向上的静压力的合力，就叫作浮力。

科学导航 ➡ 压力

24. 共振

在一个振动系统中，若外力的频率与其固有的频率接近或相等时，振动的频率会急剧增大的现象，就叫作共振。

科学导航 ➡ 频率

25. 惯性

惯性是物体的基本属性之一，它反映了物体具有保持原有运动状态或静止状态的性质。

26. 光合作用

绿色植物吸收阳光的能量，同化二氧化碳和水等，制造有机物质并释放氧气的过程，就叫作光合作用。

27. 光束

通过一定面积的一束光线，就叫作光束，也称"光线束"。

28. 滚动摩擦

一个物体在另一物体上滚动（或有滚动趋势）时，所受到的阻碍作用，就是滚动摩擦。在其他条件相同的情况下，克服滚动摩擦所需的力要比克服滑动摩擦所需要的力小得多。

科学导航 ➜ 摩擦、滑动摩擦

29. 黑洞

黑洞是广义相对论所预言的一种天体，外来的物质能进入其中，其中的物质却不能逃逸出去。

30. 恒星

由炽热的气体组成，能够自己发光的天体，就叫作恒星。

31. 滑动摩擦

一个物体在另一物体上滑动（或有滑动趋势）时，所受到的阻碍作用，就是滑动摩擦。在其他条件相同的情况下，克服滑动摩擦所需的力要比克服滚动摩擦所需要的力大得多。

科学导航 ➜ 摩擦、滚动摩擦

32. 化学反应

一种或多种物质改变化学组成、性质和特征，成为与原来不同的另外一种或多种物质的变化，就叫作化学反应。在化学反应过程中通常还伴有能量的变化。

33. 混合物

几种物质掺合在一起的集合体，就叫作混合物。其中的每一种物质都保持其原有的化学特性。

34. 碱

在水溶液中能够电离出氢氧根离子的化合物。碱的共同特性是：溶液有涩味、有腐蚀性、能够使红色石蕊试纸变蓝，能够与酸发生中和反应。

科学导航 ➜ 酸

35. 焦点

焦点就是平行光束经过透镜折射或曲面镜反射后的交点。

36. 焦距

曲面镜或透镜中某一特定点与其主焦点之间的距离，就叫作焦距。

37. 晶体

由结晶质构成的物体就叫作晶体，晶体是具有格子构造的物体。绝大多数金属、矿物、陶瓷、冰雪、食盐、蛋白质等，都属于晶体。

38. 静电

静电是指静电荷，是称呼电荷在静止时的状态，静止电荷所产生的电场即为静电场，是指不随时间变化的电场。

39. 离心力

其实严格来说，并没有所谓离心力。"离心力"只是一个假想力，方便从转动中的座标系（譬如旋转木马，甚至地球）计算力学问题。物体进行圆周运动的时候，它的加速度是向心的，就是说有一个向心的力"拉"着物体。比如，在行驶的车中，乘客要和车子一样成功转弯，也需要一个向心力——只要抓着车内的扶手就可以了。

40. 毛细现象

含有细微缝隙的物体与液体接触时，在浸润情况下液体沿缝隙上升或渗入；在不浸润情况下液体沿缝隙下降的现象，就叫作毛细现象。

41. 酶

酶是物体产生的一种蛋白质，它具有催

化作用，而且这种催化作用非常专一。比如：淀粉酶作用于淀粉、凝乳酶引起乳的凝固、葡萄糖氧化酶导致葡萄糖的氧化。

42. 密度

在某一温度下，单位体积的某一物质的质量，就叫做该物质的密度。水的密度在 4℃时是 1 000 千克 / 立方米（也就是 1 克 / 立方厘米）。

科学导航 ➡ 质量、体积

43. 摩擦

相互接触的两个物体在接触面上发生的阻碍相对运动或相对运动趋势的现象，就叫作摩擦现象。

科学导航 ➡ 滑动摩擦、滚动摩擦、摩擦力

44. 摩擦力

相互接触的两个物体在接触面上发生的阻碍相对滑动或相对滑动趋势的力，就叫作摩擦力。

科学导航 ➡ 摩擦、滑动摩擦、滚动摩擦

45. 能量

能量就是物质做功的本领，它是物质及其运动的属性，常简称"能"。对于不同的运动形式，能量可以分为机械能、电能、化学能、核能等。

46. 凝固

物质由液态变为固态的过程，就叫作凝固。在这个过程中，该物质的液态和固态会同时存在，物质会放出热量，但温度保持不变。

科学导航 ➡ 凝固

47. 凝固点

晶体物质凝固时的温度，就是这种物质的凝固点。

科学导航 ➡ 凝固点

48. 浓度

在某一范围内，单位体积内物质的量，就叫作这种物质在该范围内的浓度。

49. 膨胀

物体体积增大的过程，就叫作膨胀。

科学导航 ➡ 体积

50. 频率

①一个振动中的物体，在单位时间内，完成振动（或振荡）的次数（或周数），就叫作该物体振动的频率。
②表示概率的术语。在相同的条件下做若干次试验，随机事件发生的次数与总试验次数的比值，就称为这个随机事件发生的频率。

科学导航 ➡ 振动

51. 平衡

当一个衡器（衡量物体重量的器物）两端所承受的重量相等时，即称它们是平衡的。

52. 汽化

物体由液体状态变为气体状态的现象，就叫作汽化。汽化有蒸发和沸腾两种形式。物体在汽化过程中需要吸收热量。

科学导航 ➡ 液化、蒸发

53. 潜望镜

在隐蔽的地方观察外界环境时常使用的一种光学仪器，最简单的潜望镜是由两块与观察方向呈 45° 角的平面镜

147

组成。在潜水艇、坑道、坦克内常使用潜望镜观察敌情。

54. 燃烧

两种物质发生化学反应而剧烈地发光、发热的现象就叫作燃烧。

> **科学导航** ➡ 化学反应

55. 溶剂

能溶解其他物质的溶液，就叫作溶剂。

> **科学导航** ➡ 溶解、溶质、溶液

56. 溶解

一种物质均匀地分散于另一种物质中，成为溶液的过程，就叫作溶解。

> **科学导航** ➡ 溶剂、溶质、溶液

57. 溶质

溶解在溶剂中的物质，就叫作溶质。

> **科学导航** ➡ 溶剂、溶质、溶液

58. 溶液

由两种或两种以上的物质所组成的均匀的液体，就叫作溶液。

> **科学导航** ➡ 溶剂、溶质

59. 散射

当光束或波动等在光学性质并不均匀的媒质中传播的时候，光束或波动等会偏离原来的方向而分散传播，这一现象及过程就叫作散射。

60. 渗透

一种物质通过细小的孔隙进入到另一种物质中的过程，就叫作渗透。这种现象广泛地存在于物理、化学、生物等领域中。

61. 失重

人和动物由于地球引力而有重量，当同时受到其他惯性力（如离心力）的作用时，如果这个力正好能够抵消地心引力，就会产生失重现象。

62. 势能

在某一个系统中，由于各物体之间（或物体内各部分之间）存在力的相互作用而具有的能量，就叫作势能，也叫作"位能"。通常，为克服物体间的相互作用力而发生位置变化时所做的功，会使系统的势能增加。

63. 视网膜

视网膜是眼球最内的一层膜，主要由能感受光刺激的视觉细胞和作为联络与传导冲动的多种神经元组成。

64. 酸

化学上指在水溶液中能够电离出水和氢离子的物质。酸类的共同特点是：溶液有酸味、能够使蓝色的石蕊试纸变红、能够与碱发生中和反应。

> **科学导航** ➡ 碱

65. 弹性

一种物体在外力作用下发生形变（变形），如果去除外力后变形随即消失，我们就称该物体具有弹性。

66. 体积

物体所占空间的大小，叫作物体的体积。

67. 透镜

透镜是一种重要的光学元件。由透明

物质（如玻璃、塑料、水晶等）制成，当光线通过透镜时，经折射后可以成像。通常分为凸透镜和凹透镜两大类。

科学导航 ➡ 凸透镜、凹透镜、折射

68. 凸透镜

中央部分比边缘部分厚，能使光线会聚的透镜，就叫作凸透镜，也称"会聚透镜"。

科学导航 ➡ 透镜、凹透镜

69. 细胞

细胞是生物体的结构和功能的基本单位，一般由细胞核、细胞质、细胞膜组成。细胞通常非常微小，通过显微镜才能观察到，但也有肉眼可见的大型卵细胞。

70. 纤维

①植物纤维：是指种子植物体内向纵向生长，壁较厚的锐端细胞。是植物在适应陆生的进化中逐步演化而来的。
②动物纤维：是指组成动物体内各组织的细而长、呈线状的结构。

71. 行星

在椭圆的轨道上环绕太阳运行、近似球星的较大天体，就叫作行星。行星是太阳系的主要成员，本身一般不发光。按距太阳的距离（由近及远），有水星、金星、地球、火星、木星、土星、天王星、海王星八颗。其他的恒星也有可能有行星。

72. 压力

物理学上指垂直作用于物体表面的力。例如：桌子对水平地面施加的力、大气对液体表面所作用的力。

73. 压强

垂直作用在物体单位面积上的力，就叫

作压强。

74. 叶绿素

叶绿素是存在于植物叶绿体中一种非常重要的绿色色素，是植物进行光合作用时吸收和传递光能的主要物质。

75. 液化

物体由气体状态变为液体状态的现象，就叫作液化。物体在液化过程中需要放出热量。

科学导航 ➡ 汽化

76. 原子

原子是组成物质的最小微粒，由带正电荷的原子核和绕核运动着的电子所组成。

科学导航 ➡ 原子核、电子

77. 原子核

原子核指原子的核心部分。原子的质量几乎全部集中在原子核，在一般化学反应中，原子核不发生变化。

科学导航 ➡ 原子

78. 折射

波在传播过程中，由一种媒质进入另一种媒质中时，传播方向发生偏折的现象就叫作折射。在同一类媒质中，由于媒质本身的不均匀而使波的传播方向发生改变的现象也叫作折射。

79. 振动

物体经过平衡位置而来回往复运动的过程就叫作振动。如果每经过一段时间，振动体又回到原来的状态，就叫作"周期振动"，钟摆的振动就是周期振动。

80. 蒸发

在液体的表面发生的汽化现象就是

蒸发。蒸发在任何温度下都能进行，温度越高、液体的暴露面越大，该液体表面的汽化现象（蒸发）也就越快。

科学导航 ➡ 汽化

81. 蒸腾作用

水分以气体状态通过植物体表面（主要是叶面），蒸散到体外的现象就叫作蒸腾作用。蒸腾具有降温、促进水分和矿物质等养分吸收和转运等益处。在干旱地区，植物常具有特殊结构（如针状叶、气孔凹陷、气孔口多毛等），以减少蒸腾。

82. 中和反应

化学上指氢离子与氢氧根离子结合成水的化学反应。其产物是水和盐类。

科学导航 ➡ 酸、碱

83. 重力

地球表面附近的物体所受到的地球引力就是重力。广义地讲，任何天体使物体向该天体降落的力，都称为"重力"，如"月球重力""火星重力"等。

84. 重心

物体各部分所受重力的合力的作用点，就叫作该物体的重心。在物体内各部分所受重力可看作是平行力的情况下，重心是一个定点，它与物体所在的位置以及是如何放置的无关。

如何写实验报告

当我们要做某个小实验的时候，最好事前将实验要达到的目的，要准备的物品、材料等，以及详细的实验步骤规划好，并在实验完成后，及时地将实验中发生的各种现象、产生的各种数据，以及我们对于这个实验的各种思考记录下来，经过整理后，就是一份完整的实验报告了。

实验报告能够帮助我们养成良好的学习、思维习惯，培养我们优秀的科学素养，为我们日后的科学学习打下良好的基础。

实验报告的种类因科学实验的对象而定。如化学实验的报告叫化学实验报告，物理实验的报告就叫物理实验报告。随着科学事业的日益发展，实验的种类、项目等日渐繁多，但实验报告的格式大同小异，比较固定。

实验报告必须在科学实验的基础上进行。它主要的用途在于帮助实验者不断积累研究资料，总结研究成果。因此，写实验报告是一件非常严肃、认真的工作。不允许草率、马虎，哪怕是一个小数点、一个细微的变化，都不容忽视。

实验报告大体上根据实验步骤和顺序来写：先写实验的时间，有的还应写明气候和温差的变化；再写实验的项目和次数；再写实验的内容，这是主要部分，要重点写明：

一、实验的目的和要求。

二、仪器和配料，即被实验的实物和供实验时用的各种材料，如玻璃器皿、金属用具、溶液、颜料、粉剂、燃料等。

三、步骤和方法。要写明依据何种原理、定律或操作方法进行实验，经过哪几个步骤等，要把实验的过程，以及观察所得的变化和结果写清楚。为便于说明问题，还可以附上图表。

四、数据记录或处理。可并在第三点写，也可单独列出。

五、讨论。主要谈谈实验者对整个实验的评价或体会，有什么新的发现和不同见解、建议等。

下面我们就以"会跳舞的水滴"为例，一起来写个实验报告吧!

实验报告（范例）

实验名称： "会跳舞"的水滴　　**姓名：** 小睿（ruì）

实验日期： 2006年5月15日　　**实验报告日期：** 2006年5月15日

一、实验目的

分析水滴"会跳舞"的原因。

二、实验器材

一只炒锅、燃气灶、水

三、实验步骤和方法

（1）把炒锅放在燃气灶上加热。

（2）等到炒锅烧得非常热，甚至有些发红的时候，把少许水放到炒锅上。

（3）把同一炒锅烧成不同的温度，滴上同样温度的水，并观察实验结果。

四、观察结果

（1）水渐渐地变少了，慢慢地蒸发掉了，到最后剩下一点点水的时候，水滴开始"跳舞"了。

（2）无论炒锅的温度是多少，滴上相同温度的水时，你总会看到水滴在烧得很热的锅底上舞蹈，有时会持续3~4分钟。

（3）这种现象只有在炒锅烧得很热有些发红的时候才可能看到。如果炒锅只是温热的，一滴水掉在上面就会迅速地蒸发，消失得毫无踪迹。

五、实验分析

当水滴碰着灼热的铁板的时候，它的下部分立即汽化，于是在水滴和铁板之间形成了一层蒸汽层，使水滴不能直接挨着铁板，铁板的热是通过蒸汽传到水滴上，反倒慢了。通过蒸汽加热，使水滴全部变成水蒸气，要用3~4分钟的时间，在这个期间水滴得到水蒸气的保护，因此能在铁板上"跳动"，而掉在温热的铁板上的水滴，由于没有水蒸气的保护直接和热铁板接触，反倒蒸发得快，一会儿就消失了。